建筑施工特种作业人员安全技术考核培训统编教材

建筑起重机械司机

（施工升降机）

主编　王有志　鲍利

中国劳动社会保障出版社

图书在版编目(CIP)数据

建筑起重机械司机(施工升降机)/王有志，鲍利主编.—北京：中国劳动社会保障出版社，2010
建筑施工特种作业人员安全技术考核培训统编教材
ISBN 978-7-5045-8749-7

Ⅰ.①建… Ⅱ.①王…②鲍… Ⅲ.①建筑机械：超重机械－技术培训－教材②建筑机械－升降机－技术培训－教材 Ⅳ.①TH21

中国版本图书馆 CIP 数据核字(2010)第 235010 号

中国劳动社会保障出版社出版发行

(北京市惠新东街 1 号　邮政编码：100029)
出 版 人：张梦欣

*

中国铁道出版社印刷厂印刷装订　新华书店经销
850 毫米×1168 毫米　32 开本　5.875 印张　142 千字
2011 年 1 月第 1 版　2020 年 6 月第 2 次印刷
定价：17.00 元
读者服务部电话：(010) 64929211/84209101/61921644
营销中心电话：(010) 64962347
出版社网址：http://www.class.com.cn

版权专有　　侵权必究

如有印装差错，请与本社联系调换：(010) 81211666
我社将与版权执法机关配合，大力打击盗印、销售和使用盗版图书活动，敬请广大读者协助举报，经查实将给予举报者奖励。
举报电话：(010) 64954652

内容简介

本书根据《建筑施工特种作业人员管理规定》《建筑施工特种作业人员安全技术考核大纲（试行）》《建筑施工特种作业人员安全操作技能考核标准（试行）》等相关规定，介绍了建筑起重机械司机（施工升降机）必须掌握的安全技术知识和操作技能，针对施工升降机司机的特点，文字力求通俗易懂，内容及顺序编排尽量符合施工升降机司机的工作过程，深入浅出，以便达到学以致用的目的，突出培训教材的实用性、实践性和可操作性。

本书共分7章，包括基础理论知识、施工升降机概述及其分类、施工升降机的组成、施工升降机的安全装置、施工升降机的安全使用、施工升降机的维护保养与常见故障排除和施工升降机事故案例分析。

本书既可作为建筑起重机械司机（施工升降机）的培训教材，也可作为建筑起重机械司机（施工升降机）的常备参考书和自学用书。

前　言

建筑施工是高危行业之一，从事建筑施工的作业人员按照规定分为电工等若干工种，其安全生产管理历来受政府高度重视。所谓建筑施工特种作业人员，是指在房屋建筑和市政工程施工活动中，从事可能对本人、他人及周围设备设施的安全造成重大危害作业的人员。为加强对建筑施工特种作业人员的管理，防止和减少生产安全事故，住房和城乡建设部于2008年先后发布施行了《建筑施工特种作业人员管理规定》（以下简称《规定》）和《关于建筑施工特种作业人员考核工作的实施意见》。根据《建设工程安全生产管理条例》和《安全生产许可证条例》相关规定，建筑施工特种作业人员必须按照国家有关规定经过专门的安全作业培训，并取得特种作业操作资格证书后，方可上岗作业。特种作业人员的安全技术考核培训和管理工作又上了一个新台阶。

目前，建筑施工特种作业人员培训考核工作已经正式开展并取得良好的效果，培训单位和培训人员急需有针对性和实用性的教材。鉴于此，根据住房城乡建设部颁布的《规定》和《建筑施工特种作业人员安全技术考核大纲（试行）》《建筑施工特种作业人员安全操作技能考核标准（试行）》的要求，我们组织编写了"建筑施工特种作业人员安全技术考核培训统编教材"。本套教材共14种：《建筑施工特种作业安全生产知识》《建筑电工》《建筑焊工》《建筑架子工（普通脚手架）》《建筑架子工（附着升降脚手架）》《建筑起重司索信号工》《建筑起重机械司机（塔式起重机）》《建筑起重机械司机（流动式起重机）》《建筑起重机械司机

(施工升降机)》《建筑起重机械司机(物料提升机)》《建筑起重机械安装拆卸工(塔式起重机)》《建筑起重机械安装拆卸工(施工升降机)》《建筑起重机械安装拆卸工(物料提升机)》《高处作业吊篮安装拆卸工》,其中,《建筑施工特种作业安全生产知识》为每个工种必修的基础知识,为通用教材。

本套教材针对建筑施工特种作业人员各工种的安全技术考核培训,紧扣考核大纲和技能操作考核标准,具有科学性、实用性和适用性的特点,内容深入浅出,通俗易懂并图文并茂。本套教材编写过程中,地方建筑工程管理局,相关高职院校,培训单位和企业的专家、学者给予大力支持并积极参与稿件的审读工作,各书种主编都是具有多年从事建筑特种作业人员培训经验的授课老师,使教材真正达到"少而精""实用、管用"。参加本套书组织和编写的人员有:仝茂祥、徐惠、胡世杰、叶琦、黄代高、吴建华、王有志、鲍利、任彦斌、黄小明、程国强、张鸿文、孙超、周冠南。

由于时间关系,难免有错误和不足之处,欢迎广大的读者给予批评指正。

编写工作组
2010 年 7 月

目　　录

第一章　基础理论知识 …………………………………（1）
第一节　力学基本知识 ………………………………（1）
一、基本概念 …………………………………………（1）
二、力的性质 …………………………………………（2）
三、力的单位 …………………………………………（3）
第二节　电工基础知识 ………………………………（3）
一、基本概念 …………………………………………（3）
二、低压电器 …………………………………………（8）
三、交流电动机 ………………………………………（12）
第三节　机械基础知识 ………………………………（16）
一、概述 ………………………………………………（16）
二、蜗杆传动 …………………………………………（18）
三、齿轮传动 …………………………………………（19）
四、常用机械零件 ……………………………………（20）
第四节　液压传动基础知识 …………………………（30）
一、液压传动的基本原理及其系统组成 ……………（30）
二、液压系统的主要元件 ……………………………（31）
三、液压油 ……………………………………………（38）
四、液压系统的维护保养 ……………………………（38）

第二章　施工升降机概述及其分类 ……………………（40）
第一节　概述 …………………………………………（40）

第二节　施工升降机的分类和型号……………………（41）
　　一、施工升降机的分类………………………………（41）
　　二、施工升降机的型号………………………………（46）
　　三、施工升降机的基本技术参数……………………（47）

第三章　施工升降机的组成……………………………（51）

　第一节　施工升降机的金属结构………………………（51）
　　一、导轨架……………………………………………（51）
　　二、附墙架……………………………………………（54）
　　三、吊笼………………………………………………（56）
　　四、底架、防护围栏与层门…………………………（58）
　　五、对重系统…………………………………………（61）
　　六、电缆防护装置……………………………………（63）
　第二节　施工升降机的基础……………………………（64）
　　一、基础的安全要求…………………………………（65）
　　二、基础的形式和构筑………………………………（65）
　第三节　施工升降机的驱动装置………………………（66）
　　一、齿轮齿条式施工升降机的驱动装置……………（66）
　　二、钢丝绳式施工升降机的驱动装置………………（73）
　第四节　施工升降机的安全装置………………………（76）
　　一、齿轮齿条式施工升降机的安全装置……………（76）
　　二、钢丝绳式施工升降机的安全装置………………（77）
　第五节　电气系统………………………………………（77）
　　一、齿轮齿条式施工升降机的电气系统……………（77）
　　二、钢丝绳式施工升降机的电气系统………………（81）
　　三、变频调速施工升降机的电气系统………………（81）
　　四、电气箱……………………………………………（83）

第四章　施工升降机的安全装置 (85)

第一节　电气安全开关 (85)
一、电气安全开关的种类 (85)
二、安全技术要求 (86)

第二节　机械门锁 (87)
一、围栏门的机械联锁装置 (87)
二、吊笼门的机械联锁装置 (88)

第三节　防坠安全器 (89)
一、防坠安全器的分类 (89)
二、渐进式防坠安全器 (89)
三、瞬时式防坠安全装置 (92)
四、安全技术要求 (97)

第四节　其他安全装置 (98)
一、安全钩 (98)
二、齿条挡块 (99)
三、缓冲装置 (99)
四、相序和断相保护器 (100)
五、超载保护装置 (100)

第五章　施工升降机的安全使用 (103)

第一节　施工升降机安全作业条件 (103)
一、施工升降机司机条件 (103)
二、环境设施条件 (104)

第二节　施工升降机的安全操作要求 (104)
一、使用前的检查 (104)
二、施工升降机操作的一般步骤 (105)
三、正常运行中的安全操作要求 (107)
四、出现异常情况的操作要求 (109)

五、紧急情况的操作要求……………………………………(110)
　　六、作业结束后的安全要求…………………………………(113)
第三节　施工升降机作业过程中的检查………………………(113)
　　一、防护围栏及基础的检查…………………………………(113)
　　二、层门与卸料平台的检查…………………………………(114)
　　三、传动机构的检查…………………………………………(115)
　　四、齿轮齿条的检查…………………………………………(116)
　　五、对重装置的检查…………………………………………(117)
　　六、电缆及导架的检查………………………………………(119)
　　七、安全装置的检查…………………………………………(119)
　　八、吊笼运行异常检查………………………………………(122)
　　九、运动部件安全距离的检查………………………………(123)
　　十、吊笼顶部的检查…………………………………………(123)
第四节　施工升降机性能试验…………………………………(124)
　　一、空载试验…………………………………………………(124)
　　二、安装试验…………………………………………………(125)
　　三、额定载荷试验……………………………………………(125)
　　四、超载试验…………………………………………………(125)
　　五、坠落试验…………………………………………………(126)
第五节　施工升降机司机的岗位职责…………………………(127)
　　一、施工升降机司机的岗位责任制…………………………(127)
　　二、交接班制度………………………………………………(129)

第六章　施工升降机的维护保养与常见故障排除……………(131)

第一节　施工升降机的维护保养………………………………(131)
　　一、维护保养的分类…………………………………………(131)
　　二、维护保养的方法…………………………………………(132)
　　三、维护保养的内容…………………………………………(133)

四、主要零部件的维护保养……………………………(136)
　　五、施工升降机的润滑…………………………………(147)
　　六、维护保养的安全注意事项…………………………(148)
　第二节　施工升降机常见故障与排除方法………………(149)
　　一、常见机械故障与排除方法…………………………(149)
　　二、常见电气故障的查找与排除方法…………………(154)

第七章　施工升降机事故案例分析……………(160)
　第一节　违反操作规程拆卸吊笼坠落事故………………(160)
　第二节　吊笼冒顶坠落事故………………………………(162)
　第三节　制动失灵吊笼坠落事故…………………………(164)
　第四节　驾驶室底框开焊坠落事故………………………(166)
　第五节　设备失修高处坠落事故…………………………(167)

附录1　建筑起重机械司机（施工升降机）
　　　　　安全技术考核大纲（试行）……………(169)

附录2　建筑起重机械司机（施工升降机）
　　　　　安全操作技能考核标准（试行）…………(171)

参考文献……………………………………………(174)

· V ·

第一章

基础理论知识

第一节 力学基本知识

一、基本概念

1. 力及力的效应

在生产和生活中人们对力是很熟悉的。例如，用手推小车，由于手臂肌肉的紧张而感觉到用了"力"，小车也因受"力"，由静止开始运动；物体受地球引力作用而自由下落时，速度将越来越大；用汽锤锻打工件，工件受锻打冲击力作用发生变形等。力是一个物体对另一个物体的作用，一个是受力物体，另一个是施力物体，其结果是使物体的运动状态发生变化或使物体变形。力使物体运动状态发生变化的效应称为力的外效应，使物体产生变形的效应称为力的内效应。力的概念是人们在长期的生活和生产实践中逐步形成的。人们就从这样大量的实践中，由感性认识上升到理性认识，形成了力的科学概念，即：力是物体间相互的机械作用，这种作用使物体的运动状态或形状发生变化。因此，力不能脱离实际物体而存在。

2. 力的三要素

力作用在物体上，要使物体产生预想的效果，这种效果是由力的大小、力的方向和力的作用点三个因素决定的。

在力学中，把"力的大小""方向"和"作用点"称为力的三个要素。如图 1—1 所示,用手拉伸弹簧,用的力越大,弹簧拉得越长,这表明力产生的效果跟力的大小有关系;用同样大小的力拉弹簧和压弹簧,拉的时候弹簧伸长、压的时候弹簧缩短,说明力的作用效果跟力的作用方向有关系;如图 1—2 所示,用扳手拧螺母,手握在 A 点比 B 点省力,所以力的作用效果与力的作用点有关,三要素中任何一个要素改变,都会使力的作用效果改变。

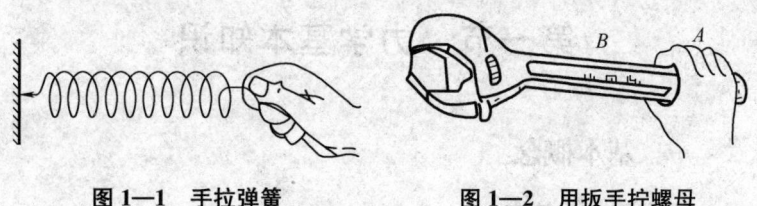

图 1—1　手拉弹簧　　　　　图 1—2　用扳手拧螺母

力的大小表明物体间作用力的强弱;力的方向表明在该力的作用下,静止的物体开始运动的方向,作用力的方向不同,物体运动的方向也不同;力的作用点是力作用在物体上的部位。力是矢量,具有大小和方向。

二、力的性质

经过长期的生产和生活实践,人们逐渐认识了许多关于力的规律,其中最基本的规律可归纳为以下几个方面:

1. 作用力与反作用力

力是物体间的相互作用,因此,力总是成对出现的。一物体以一力作用于另一物体上时,另一物体必以一个大小相等、方向相反且在同一直线上的力作用在此物体上。如手拉弹簧,当手给弹簧一个力,则弹簧给手一个反作用力,这两个力大小相等,方向相反,且作用在同一直线上。作用力与反作用力分别作用在两个物体上,不能看成是两个平衡力而相互抵消。

2. 二力平衡原理

要使物体在两个力的作用下保持平衡的条件是：这两个力大小相等，方向相反，且作用在同一直线上。

3. 力的可传递性

通过作用点，沿着力的方向引出的直线，称为力的作用线。在力的大小、方向不变的条件下，力的作用点的位置可以在它的作用线上移动而不会影响力的作用效果，这就是力的可传递性。

三、力的单位

在国际计量单位制中，力的单位用牛顿或千牛顿，简写为牛（N）或千牛（kN）。工程上曾习惯采用千克力（kgf）和吨力（tf）来表示。它们之间的换算关系为：

$$1 \text{牛顿（N）} = 0.102 \text{千克力（kgf）}$$
$$1 \text{吨力（tf）} = 1\,000 \text{千克力（kgf）}$$
$$1 \text{千克力（kgf）} = 9.807 \text{牛（N）} \approx 10 \text{牛（N）}$$

第二节　电工基础知识

一、基本概念

1. 电流、电压和电阻

（1）电流

电荷在电路中有规则的运动称为电流，电路中能量的传输靠的是电流。电流不但有方向，而且有大小。大小和方向不随时间变化的电流，称为直流电，用字母"DC"或符号"—"表示；大小和方向随时间变化的电流，称为交流电，用字母"AC"或符号"∽"表示。

在日常工作中，用试电笔测量交流电时，试电笔氖管通身发亮，且亮度较高；测直流电时，试电笔氖管一端发亮，且亮度较暗。

电流的大小称为电流强度，简称电流。电流强度的基本单位是安培，简称安，用字母 A 表示。电流强度常用的单位还有千安（kA）、毫安（mA）、微安（μA），它们之间的换算关系为：

$$1 \text{ kA} = 1\,000 \text{ A}$$
$$1 \text{ A} = 1\,000 \text{ mA}$$
$$1 \text{ mA} = 1\,000 \text{ μA}$$

测量电流强度的仪表叫电流表，又称安培表。电流表分为直流电流表和交流电流表两类。测量时，必须将电流表串联在被测电路中。每一个电流表都有一定的测量范围，所以在使用电流表时，应该先估算被测电流的大小，选择量程合适的电流表。

(2) 电压

电路中要有电流，必须要有电位差，有了电位差，电流才能从电路中的高电位点流向低电位点。电压是指电路中（或电场中）任意两点之间的电位差。

电压的基本单位是伏特，简称伏，用字母 V 表示。电压常用的单位还有千伏（kV）、毫伏（mV）等，它们之间的换算关系为：

$$1 \text{ kV} = 1\,000 \text{ V}$$
$$1 \text{ V} = 1\,000 \text{ mV}$$

测量电压大小的仪表叫电压表，又称伏特表。电压表分为直流电压表和交流电压表两类。测量时，必须将电压表并联在被测电路中，每个电压表都有一定的测量范围（即量程）。使用时，必须注意所测的电压不得超过电压表的量程。

电压按大小划分为高压、低压与安全电压。

高压：指电气设备对地电压在 250 V 以上；

低压：指电气设备对地电压在 250 V 以下；

安全电压有五个等级：42 V、36 V、24 V、12 V、6 V。

注：为防止触电事故而采用的由特定电源供电的电压系列。这个电压系列的上限值，在任何情况下均不得超过交流（50～500 Hz）有效值 50 V，此电压系列称为安全电压。

（3）电阻

导体对电流的阻碍作用称为电阻，导体的电阻是导体中客观存在的。在温度不变的情况下，导体的电阻与导体的长度成正比，与导体的横截面积成反比。电阻的常用单位有欧（Ω）、千欧（kΩ）和兆欧（MΩ），它们之间的换算关系为：

$$1 \text{ k}\Omega = 1\,000 \text{ }\Omega$$

$$1 \text{ M}\Omega = 1\,000 \text{ k}\Omega = 1\,000\,000 \text{ }\Omega$$

2. 电路

（1）电路的组成

电路就是电流流通的路径，如日常生活中的照明电路、电动机电路等。电路一般由电源、负载、导线和控制器件四个基本部分组成，如图1—3所示。

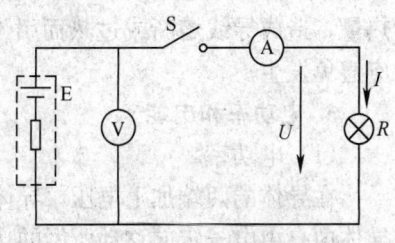

图1—3 电路示意图

1）电源。将其他形式的能量转换为电能的装置，在电路中，电源产生电能，并维持电路中的电流。

2）负载。将电能转换为其他形式能量的装置。

3）导线。连接电源和负载的导体，为电流提供通道并传输电能。

4）控制器件。在电路中起接通、断开、保护及测量等作用的装置。

（2）电路的类别

按照负载的连接方式，电路可分为串联电路和并联电路。电路中，电流依次通过每一个组成元件的电路，称为串联电路；所有负载的输入端和输出端分别被连接在一起的电路，称为并联电路。

按照电流的性质，电路可分为交流电路和直流电路。电压和电流的大小及方向随时间变化的电路，称为交流电路；电压和电流的大小及方向不随时间变化的电路，称为直流电路。

（3）电路的状态

1) 通路。当电路的开关闭合，负载中有电流通过时称为通路，电路正常工作状态为通路。

2) 开路。即断路，指电路中开关打开或电路中某处断开时的状态，开路时电路中无电流通过。

3) 短路。电源两端的导线因某种事故未经过负载而直接连通时称为短路。短路时负载中无电流通过，流过导线的电流比正常工作时大几十倍甚至数百倍，短时间内就会使导线产生大量的热量，造成导线熔断或过热而引发火灾，短路是一种事故状态，应避免发生。

3. 电功率和电能

（1）电功率

在导体的两端加上电压，导体内就产生了电流。电场力推动导体内自由电子定向移动所做的功，通常称为电流所做的功或电功（W）。

电流在一段电路中所做的功，与这段电路两端的电压 U、电路中的电流强度 I 和通电时间 t 成正比。

电流做功的过程实际上是电能转化为其他形式能的过程。例如，电流通过电炉做功，电能转化为热能；电流通过电动机做功，电能转化为机械能。

单位时间内电流所做的功称为电功率，简称功率，用字母 P 表示，其单位为焦耳/秒（J/s），即瓦特，简称瓦（W）。

常用的电功率单位还有 kW、MW 和马力（HP），它们之间的换算关系为：

1 kW=1 000 W
1 MW=1 000 000 W
1 HP=735.5 W

测量电功率的仪表称为功率表，它可以测量用电设备或电气设备在某一工作瞬间的电功率大小。功率表又可以分为有功功率表（kW）和无功功率表（kvar）。

（2）电能

电路的主要任务是进行电能的传送、分配和转换。电能是指电以各种形式做功的能力。电能的单位是千瓦·小时（kW·h），简称度。1度＝1 kW·h。

测量电功的仪表称为电能表，又称电度表，它可以计量用电设备或电器在某一段时间内所消耗的电能。

4. 交流电

所谓交流电是指大小和方向都随时间作周期性变化的电动势、电压或电流，平时用的交流电是随时间按正弦规律变化的，所以叫做正弦交流电，简称交流电，用字母"AC"或符号"～"表示。

工业上普遍采用频率为 50 Hz 的正弦交流电，在日常生活中，人们接触较多的是单相交流电，而实际工作中，人们接触更多的是三相交流电。三个具有相同频率、相同振幅，但在相位上彼此相差 120°的正弦交流电压、电流或电动势，统称为三相交流电。

工业上用的三相交流电，有的直接来自三相交流发电机，但大多数还是来自三相变压器，对于负载来说，它们都是三相交流电源，在低电压供电时，多采用三相四线制。

在三相四线制供电时，三相交流电源的三个线圈采用星形（Y形）接法，即把三个线圈的末端 X、Y、Z 连接在一起，成为三个线圈的公用点，通常称它为中点或零点，并用字母 O 表示。供电时，引出四根线：从中点 O 引出的导线称为中线或零线；

从三个线圈的首端引出的三根导线称为 A 线、B 线、C 线，统称为相线或火线。在星形接线中，如果中点与大地相连，中线也称为地线。常见的三相四线制供电设备中引出的四根线，就是三根火线一根地线。

二、低压电器

低压电器在供配电系统中广泛用于电路、电动机、变压器等电气装置上，起着开关、保护、调节和控制的作用，按其功能分，有开关电器、控制电器、保护电器、调节电器、主令电器、成套电器等，下面主要介绍起重机械中常用的几种低压电器。

1. 主令电器

主令电器是一种能向外发送指令的电器，主要有控制按钮、行程开关、万能转换开关、接近开关等，利用它们可以实现对控制电器的操作或实现控制电路的顺序控制。

（1）控制按钮

控制按钮是一种靠外力操作接通或断开电路的电气元件，一般不能直接用来控制电气设备，只能发出指令，但可以实现远距离操作。常用控制按钮的结构如图 1—4 所示。

图 1—4　常用控制按钮

(2) 行程开关

行程开关又称限位开关或终点开关，它不用人工操作，而是利用机械设备某些部件的碰撞来控制自身的运动方向或行程大小的主令电器。行程开关是一种将机械信号转换为电信号来控制运动部件行程的开关元件，被广泛用于顺序控制器、运动方向、行程、零位、限位、安全及自动停止、自动往复等控制系统中。图1—5所示为几种常用的行程开关。

图1—5　常用的行程开关

(3) 万能转换开关

万能转换开关是一种多对触头、多个挡位的转换开关，主要由操作手柄、转轴、动触头及带号码牌的触头盒等构成。常用的万能转换开关有LW2、LW4、LW5-15D、LW15-10、LWX2等，QT30以下的塔式起重机一般使用LW5-15D型万能转换开关，如图1—6所示。

(4) 主令控制器

主令控制器，又称主令开关，主要用于电气传动装置中，按一定顺序分合触头，达到发布命令或控制其他线路联锁转换的目的。例如，塔式起重机中的联动控制台就属于主令控制器，用来操纵塔式起重机的回转、变幅、卷扬等动作，如图1—7所示。

1—6 LW5－15D 型万能转换开关

图 1—7 联动控制台

2. 空气断路器

低压空气断路器又称自动空气开关或空气开关，属开关电器，用于当电路中发生过载、短路或欠压等不正常情况时，能自动分断电路的电器，也可用做不频繁地启动电动机或接通、分断电路，有万能式断路器、塑壳式断路器、微型断路器、漏电保护器等。图 1—8 所示为几种常用的断路器。

漏电保护器是漏电电流动作保护器的简称，它是空气断路器的一个重要分支，主要用于保护人身免于因漏电发生电击伤亡及防止因电气设备或线路漏电引起电气火灾事故。漏电保护器的动作电流值主要有 6 mA、10 mA、30 mA、100 mA、300 mA、

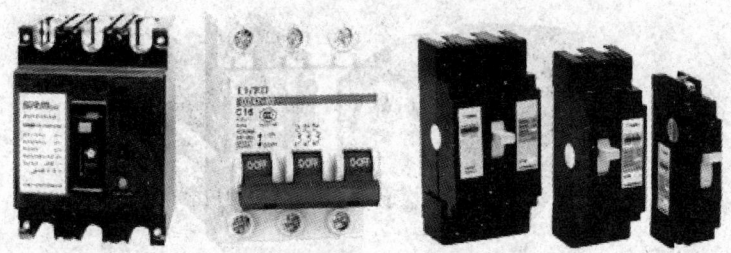

图 1—8　常用的断路器

500 mA、1 A、2 A、5 A、10 A、20 A。安装在负荷端电器电路的漏电保护器，是用于防止人为触电的漏电保护器，考虑到漏电电流通过人体的影响，其动作电流不得大于 30 mA，动作时间不得大于 0.1 s。应用于潮湿场所的电气设备，应选用额定漏电动作电流不大于 15 mA，额定漏电动作时间不大于 0.1 s 的漏电保护器。

漏电保护器按结构和功能分为漏电开关、漏电断路器、漏电继电器、漏电保护插头和插座。漏电保护器按极数还可分为单极、二极、三极、四极等多种。

3. 接触器

接触器是电力拖动和控制系统中应用最为广泛的一种电器，它可以频繁操作，远距离接触、断开主电路和大容量控制电路，接触器可分为交流接触器和直流接触器两大类。

接触器主要由电磁系统、触头系统和灭弧装置等几部分组成。交流接触器的交流线圈的额定电压有 380 V、220 V、48 V 等多种。图 1—9 所示是几种常用的接触器。

4. 继电器

继电器是一种自动控制电器，在一定的输入参数下，它受输入端的影响而使输出参数有跳跃式的变化。常用的有中间继电器、热继电器、延时继电器、温度继电器等。图 1—10 所示为几种常用的继电器。

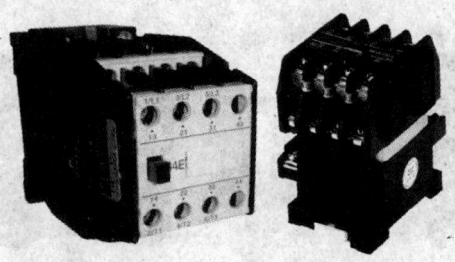

图1—9 常用的接触器

图1—10 常用的继电器

三、交流电动机

1. 交流电动机的分类

交流电动机分为异步电动机和同步电动机。异步电动机又可分为单相电动机和三相电动机。单相异步电动机主要用于洗衣机、电冰箱、空调、电扇、排风扇、木工机械及小型电钻等。施工现场使用的施工升降机，塔式起重机的行走、变幅、起升、回转机构都采用三相异步电动机。

2. 三相异步电动机的结构

三相异步电动机也叫三相感应电动机，主要由定子和转子两个基本部分组成。转子又可分为笼式电动机的转子和绕线式电动机的转子两种。

(1) 转子

转子部分由转子铁心、转子绕组及转轴组成。

1) 转子铁心。转子铁心也是电动机主磁通磁路的一部分,一般由 0.35~0.5 mm 厚的硅钢片叠压而成,并固定在转轴上。转子铁心外圆侧均匀分布着线槽,用以浇铸或嵌放转子绕组。

2) 转子绕组。

小容量笼式电动机一般采用在转子铁心槽内浇铸铝笼条,两端的端环将笼条短接起来,并浇铸成冷却风扇叶状。图 1—11 所示为笼式电动机的转子。

绕线式电动机的转子是在转子铁心线槽内嵌放对称三相绕组,如图 1—12 所示。三相绕组的一端接成星形,另一端接在固定在转轴上的滑环(集电环)上,通过电刷与变阻器连接。图 1—13 所示为三相绕线式电动机的滑环结构。

图 1—11 笼式电动机的转子

图 1—12 绕线式电动机的转子

图 1—13 三相绕线式电动机的滑环结构

3) 转轴。转轴的主要作用是支撑转子和传递转矩。

(2) 定子

定子主要由定子铁心、定子绕组、机座和端盖等组成。

1) 定子铁心。定子铁心是异步电动机主磁通磁路的一部分，通常由导磁性能较好的 0.35~0.5 mm 厚的硅钢片叠压而成。对于容量较大（10 kW 以上）的电动机，在硅钢片两面涂以绝缘漆，作为片间绝缘之用。

2) 定子绕组。定子绕组是异步电动机的电路部分，由三相对称绕组按一定的空间角度依次嵌放在定子线槽内，其绕组有单层和双层两种基本形式，如图 1—14 所示。

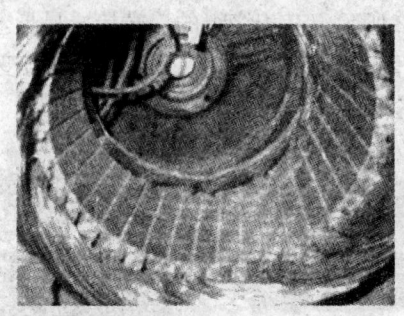

图 1—14　三相电动机的定子绕组

3) 机座。机座的作用主要是固定定子铁心并支撑端盖和转子，中小型异步电动机一般采用铸铁机座。

3. 三相异步电动机的铭牌

电动机出厂时，在机座上都有一块铭牌，上面标着该电动机的型号、规格和有关数据。

(1) 铭牌的标志

例如，铭牌上的电动机型号：$Y-132S_2-2$

其中，Y——表示异步电动机；

　　　132——表示机座号，数据为轴心对底座平面的中心高，mm；

S——表示短机座（S：短，M：中，L：长）；

₂——表示铁心长度号；

2——表示电动机的极数。

(2) 技术参数

1) 额定功率。电动机的额定功率也称额定容量，表示电动机在额定工作状态下运行时，轴上能输出的机械功率，单位为W或kW。

2) 额定电压。额定电压是指电动机在额定工作状态下运行时，外加于定子绕组上的线电压，单位为V或kV。

3) 额定电流。额定电流是指电动机在额定电压和额定输出功率时，定子绕组的线电流，单位为A。

4) 额定频率。额定频率是指电动机在额定工作状态下运行时电源的频率，单位为Hz。

5) 额定转速。额定转速是指电动机在额定工作状态下运行时的转速，单位为r/min。

6) 接线方法。表示电动机在额定电压下运行时，三相定子绕组的接线方式。目前电动机铭牌上给出的接线方法有两种：一种是额定电压为380 V/220 V，接线方法为Y/△；另一种是额定电压为380 V，接线方法为△。

7) 绝缘等级。电动机的绝缘等级，是指绕组所采用的绝缘材料的耐热等级，它表明电动机所允许的最高工作温度，见表1—1。

表 1—1　　　绝缘等级及允许的最高工作温度

绝缘等级	Y	A	E	B	F	H	C
允许的最高工作温度（℃）	90	105	120	130	155	180	>180

4. 三相异步电动机的运行与维护

(1) 电动机启动前检查

1) 电动机上及附近有无杂物和人员。

2）电动机所拖动的机械设备是否完好。

3）大型电动机轴承和启动装置中油位是否正常。

4）绕线式电动机的电刷与滑环接触是否紧密。

5）转动电动机转子或它所拖动的机械设备，检查电动机和拖动的设备转动是否正常。

（2）电动机运行中的监视与维护

1）电动机的温升及发热情况。

2）电源电压的变化。

3）电动机的运行负荷电流值。

4）三相电压和三相电流的不平衡度。

5）电动机的振动情况。

6）电动机运行时的声音和气味。

7）电动机的周围环境及使用条件。

8）电刷是否冒火或有其他异常现象。

第三节 机械基础知识

一、概述

1. 机器

机器基本上都是由原动部分、传动部分和工作部分3部分组成。原动部分是机器动力的来源。常用的原动机有电动机、内燃机、空气压缩机等。传动部分是按工作要求将动力部分的运动和动力传递、转换或分配给工作部分的中间装置。常用的传动方式有齿轮传动、蜗轮蜗杆传动、链传动、带传动等。工作部分是完成机器预定的动作，处于整个传动的终端，其结构形式主要取决于机器本身的用途。机器一般有以下3个共同的特征：

①机器是由许多的部件组合而成的。
②机器中的构件之间具有确定的相对运动。
③机器能完成有用的机械功或者实现能量转换。例如，运输机能改变物体的空间位置，电动机能把电能转换成机械能等。

2. 机构

机构与机器有所不同，机构具有机器的前两个特征，而没有最后一个特征。通常把这些具有确定相对运动构件的组合称为机构。因此，机构和机器的区别是机构的主要功用在于传递或转变运动的形式，而机器的主要功用是为了利用机械能做功或实现能量转换。

由上述可知，机械是机器和机构的总称。

3. 运动副

使两物体直接接触而又能产生一定相对运动的连接，称为运动副，如图1—15所示。根据运动副中两构件接触形式不同，运动副可分为低副和高副。

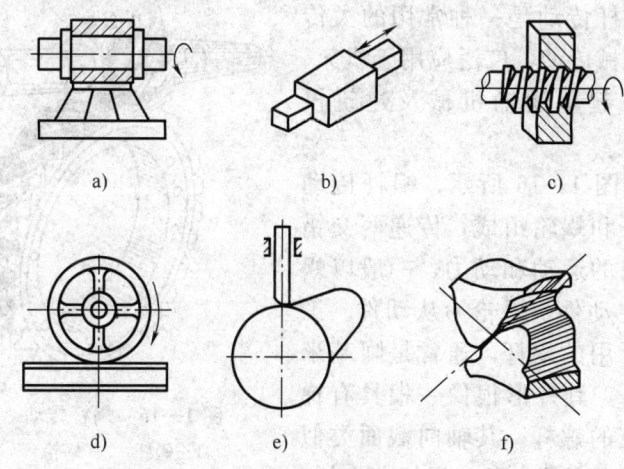

图 1—15 运动副
a) 转动副 b) 移动副 c) 螺旋副 d)、e)、f) 高副

(1) 低副

低副是指两构件之间做面接触的运动副。按两构件的相对运动情况，可分为转动副、移动副和螺旋副。

1) 转动副。两构件在接触处只允许做相对转动，如图1—15a所示。

2) 移动副。两构件在接触处只允许做相对移动，如图1—15b所示。

3) 螺旋副。两构件在接触处只允许做一定关系的转动和移动的复合运动。如图1—15c所示，为丝杠与螺母组成的运动副。

(2) 高副

高副是两构件之间作点或线接触的运动副。如图1—15d、e、f所示，滚轮与轨道、凸轮与推杆及轮齿与轮齿之间的接触均为常用高副。

二、蜗杆传动

蜗杆传动是一种常用的大传动比机械传动，广泛应用于机床、仪器、起重运输机械及建筑机械中。

如图1—16所示，蜗杆传动由蜗杆和蜗轮组成，传递两交错轴之间的运动和动力，一般以蜗杆为主动件，蜗轮为从动件。工程中所用的蜗杆，通常是阿基米德蜗杆，其外形很像一根具有梯形螺纹的螺杆，其轴向截面类似于直线齿廓的齿条。蜗杆有左旋、右旋之分，一般为右旋。

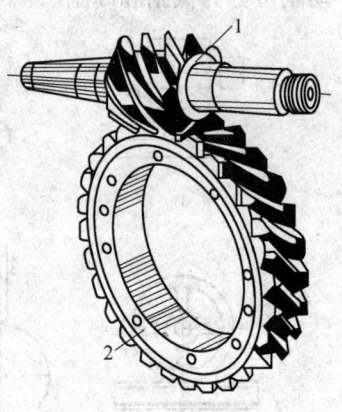

图1—16　蜗杆传动
1—蜗杆　2—蜗轮

蜗杆传动的主要特点是工作平稳、噪声小，蜗杆螺旋角小时可具有自锁作用,但传动效率低、价格昂贵。

三、齿轮传动

齿轮传动是在建筑机械中应用很广泛的一种机械传动形式,如施工升降机、塔式起重机、混凝土搅拌机、钢筋切断机、卷扬机等都采用齿轮传动。

1. 齿轮传动的分类

齿轮传动种类很多,可以按不同的方法进行分类:

(1) 按两齿轮轴线的相对位置,可分为两轴平行、两轴相交和两轴交错三类。

(2) 按润滑方式不同,可分为开式、半开式和闭式三种。

1) 开式齿轮传动的齿轮外露,容易受到尘土侵袭,润滑不良,轮齿容易磨损,多用于低速传动和要求不高的场合。

2) 半开式齿轮传动装有简易防护罩,有时还浸入油池中,这样可较好地防止灰尘侵入。由于磨损仍比较严重,所以一般只用于低速传动的场合。

3) 闭式齿轮传动是将齿轮安装在刚度较大的密闭壳体内,并将齿轮浸入一定深度的润滑油中,以保证有良好的工作条件,适用于中速及高速传动的场合。

2. 齿轮传动的失效形式

由于某种原因齿轮传动不能正常工作时,称为失效。常见的齿轮传动失效形式为齿面损坏和齿根折断两类。其中齿面损坏主要有三种形式,分别为齿面磨损、齿面点蚀和齿面胶合。施工升降机的齿轮齿条传动由于润滑条件差,灰尘、脏物等研磨性微粒易落在齿面上,轮齿磨损快,且齿根产生的弯曲应力大,因此,齿面磨损和齿根折断是施工升降机齿轮齿条传动常见的失效形式。

3. 齿轮传动的特点

齿轮传动是依靠两齿轮轮齿之间接触的啮合传动,因此与其他传动形式（如带传动、链传动）相比，具有下列优点：

(1) 传动效率高，一般为95%～98%，最高可达99%。

(2) 结构紧凑、体积小，与带传动相比，外形尺寸大大减小，它的小齿轮与轴做成一体时直径只有50 mm左右。

(3) 传动比固定不变，传递运动准确可靠。

(4) 工作可靠，使用寿命长。

(5) 能实现平行轴间、相交轴间及空间相错轴间的多种传动。

其主要缺点如下：

(1) 对制造的精度要求高，因此成本较高。

(2) 齿轮传动一般不宜承受剧烈的冲击和过载。

(3) 当两轴之间中心距较大时，不宜采用齿轮传动。

四、常用机械零件

1. 键、销连接

(1) 键连接

键连接是由零件的轮毂、轴和键组成，在各种机器上有很多转动零件，如齿轮、带轮、蜗轮、凸轮等，这些转动零件的轮毂和轴大多数采用平键连接或花键连接。键连接是一种应用很广泛的可拆连接，主要用于轴与轴上零件的周向相对固定，以传递运动或转矩。

1) 平键连接。平键连接装配时先将键放入轴的键槽中，然后推上零件的轮毂，构成平键连接，如图1—17所示。平键连接时，键的上顶面与轮毂键槽的底面之间留有间隙，而键的两侧面与轴、轮毂键槽的侧面配合紧密，工作时依靠键和键槽侧面的挤压来传递运动和转矩，因此，平键的侧面为工作面。

平键连接结构简单、装拆方便且对中性好，应用广泛。

2) 花键连接。在使用一个平键不能满足轴所传递的扭矩的要求时，可采用花键连接。花键连接由花键轴与花键套构成，如

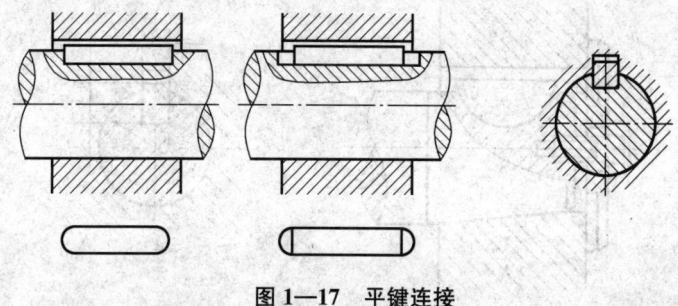

图 1—17 平键连接

图 1—18 所示。花键连接常用于传递大扭矩、要求有良好的导向性和对中性的场合。花键的齿形有矩形、三角形及渐开线齿形三种,其中矩形键加工方便,应用较广。

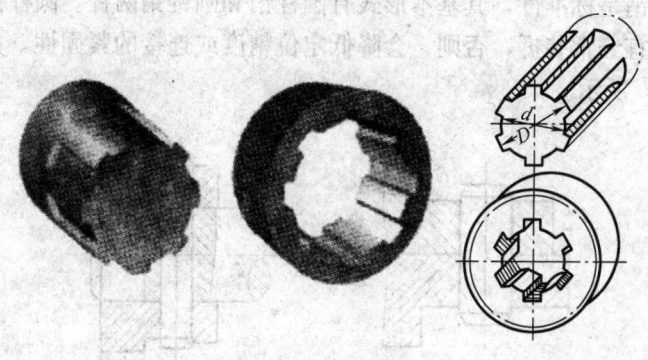

图 1—18 花键连接

3) 半圆键连接。半圆键的上表面为平面,下表面为半圆形弧面,两侧面互相平行。半圆键连接也是靠两侧工作面传递转矩的,如图 1—19 所示。其特点是能自动适应零件轮毂槽底的倾斜,使键受力均匀。主要用于轴端传递转矩不大的场合。

(2) 销连接

销连接用来固定零件间的相互位置,构成可拆连接,也可用

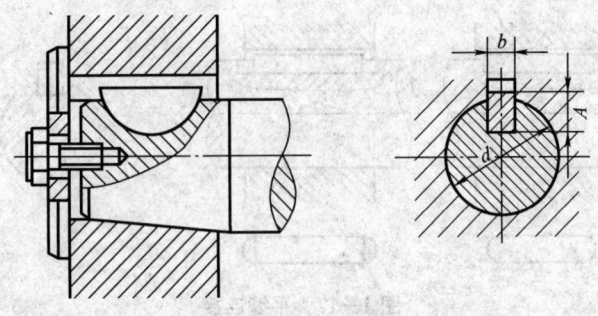

图1—19 半圆键连接

于轴和轮毂或其他零件的连接以传递较小的载荷；有时还用做安全装置中的过载剪切元件。

销是标准件，其基本形式有圆柱销和圆锥销两种。圆柱销连接不宜经常装拆，否则，会降低定位精度或连接的紧固性，如图1—20所示。

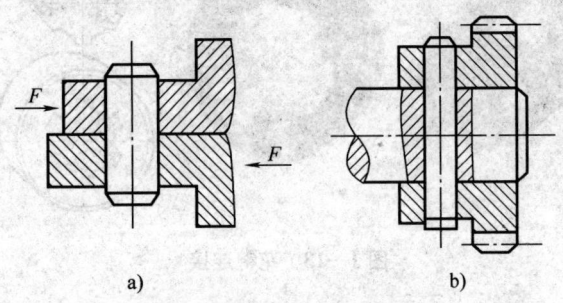

图1—20 圆柱销

圆锥销有1：50的锥度，小头直径为标准值。圆锥销易于安装，定位精度高于圆柱销，如图1—21所示。圆柱销和圆锥销的销孔均需铰制。铰制的圆柱销孔直径有四种不同配合精度，可根据使用要求选择。

销的类型按工作要求选择。用于连接的销，可根据连接的结

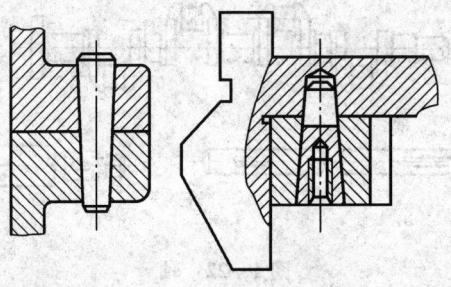

图 1—21 圆锥销

构特点按经验确定直径，必要时再做强度校核；定位销一般不受载荷或受很小载荷，其直径按结构确定，数目不得少于两个；安全销直径按销的剪切强度进行计算。

2. 轴

轴是组成机器的重要零件之一，一切做旋转运动的传动零件，都必须安装在轴上才能实现旋转和传递动力。

(1) 轴的分类和应用特点

1) 按照轴的轴线形状不同，可以把轴分为曲轴（见图 1—22a）和直轴（见图 1—22b、c）两大类。曲轴可以将旋转运动改变为往复直线运动或者做相反的运动转换。直轴应用最为广泛，按照其外形不同，可分为光轴（见图 1—22b）和阶梯轴（见图 1—22c）两种。

2) 按照轴的所受载荷不同，可将轴分为心轴、转轴和传动轴 3 类。

①心轴。通常指只承受弯矩而不承受转矩的轴。如自行车前轴。

②转轴。既受弯矩又受转矩的轴。转轴常用于各种机器中。

③传动轴。只受转矩不受弯矩或受很小弯矩的轴。如车床上的光轴、连接汽车发动机输出轴和后桥的轴均是传动轴。

(2) 轴的结构

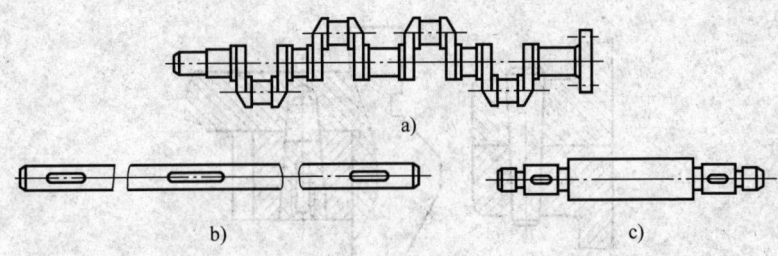

图 1—22 轴
a) 曲轴 b) 光轴 c) 阶梯轴

如图 1—23 所示，轴主要由轴颈、轴头、轴身、轴肩和轴环构成。

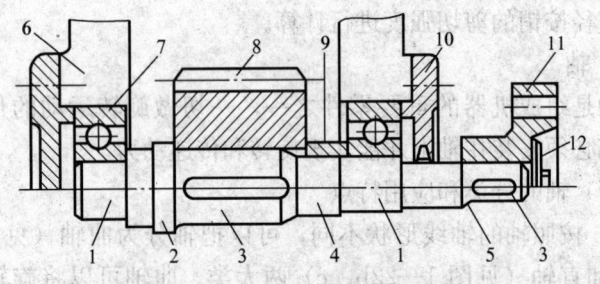

图 1—23 轴的结构
1—轴颈 2—轴环 3—轴头 4—轴身 5—轴肩
6—轴承座 7—滚动轴承 8—齿轮
9—套筒 10—轴承盖 11—联轴器 12—轴端挡阻

1) 轴颈。是指轴与轴承配合的轴段。轴颈的直径应符合轴承的标准内径系列。

2) 轴头。是指支撑传动零件的轴段。轴头的直径必须与相配合零件的轮毂内径一致，并符合轴的标准直径系列。

3) 轴身。是指连接轴颈和轴头的轴段。

4) 轴肩和轴环。是阶梯轴上截面变化之处。

3. 轴承

轴承是机器中用来支撑轴和轴上零件的一种重要部件，用以保证轴的旋转精度、减小转动时轴与支撑间的摩擦和磨损。根据工作时摩擦性质不同，轴承可分为滑动轴承和滚动轴承；按所受载荷方向不同，可分为向心轴承、推力轴承和向心推力轴承。

（1）滑动轴承

滑动轴承一般由轴承座、轴瓦装置等部分组成，如图1—24所示。根据轴承所受载荷方向不同，可分为向心滑动轴承、推力滑动轴承和向心推力滑动轴承。

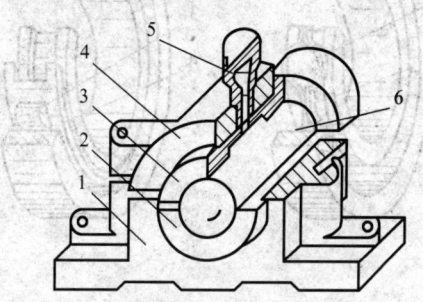

图1—24 滑动轴承
1—轴承座 2、3—轴瓦 4—轴承盖
5—润滑装置 6—轴颈

（2）滚动轴承

滚动轴承具有摩擦力矩小，易启动，荷载、转速及工作温度的适用范围较广，轴向尺寸小，润滑、维修方便等优点。滚动轴承是各种机器中普遍使用的零件，其尺寸已标准化。

滚动轴承由内圈1、外圈2、滚动体3和保持架4组成，如图1—25所示。一般内圈装在轴颈上，外圈装在轴承座孔内。内、外圈上设置有滚道，当内、外圈相对旋转时，滚动体沿着滚道滚动。滚动体是滚动轴承的主体，常见形状有球形和滚子形（圆柱形滚子、圆锥形滚子、鼓形滚子等）。保持架的作用是分隔开两个相邻的滚动体,以减少滚动体之间的碰撞和磨损。按滚动体形状不同,滚动轴承可分为球轴承(见图 1—25a)和滚子轴承(见图 1—25b)两大类。若按载荷的类型不同轴承可分为3大类:主要承受径向载荷的轴承称为向心轴承;只能承受轴向载荷的轴承称为推力轴承;能同时承受径向和轴向载荷的轴承称为向心推力轴承。

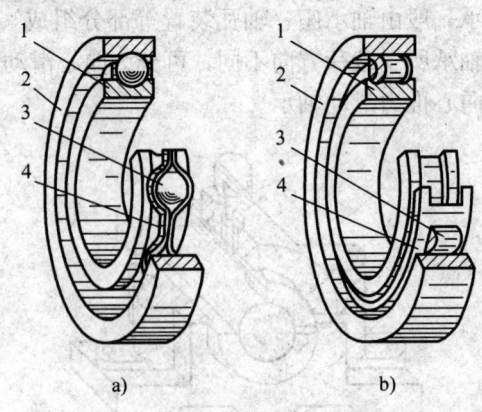

图 1—25 滚动轴承构造
a) 球轴承 b) 滚子轴承
1—内圈 2—外圈 3—滚动体 4—保持架

1) 滚动轴承与滑动轴承相比,具有以下优点:

①滚动轴承的摩擦阻力小,因此功率损耗小,机械效率高,发热少,不需要大量的润滑油来散热,易于维护和启动。

②常用的滚动轴承已标准化,可直接选用,而滑动轴承一般需要自制。

③对于同样大的轴颈,滚动轴承的宽度比滑动轴承小,可使机器的轴向结构紧凑。

④有些滚动轴承可同时承受径向和轴向两种载荷,这就简化了轴承的组合结构。

⑤滚动轴承不需用有色金属,对轴的材料和热处理要求

不高。

2) 滚动轴承的缺点主要有：
①承受冲击载荷的能力较差。
②运转不够平稳，有轻微的振动。
③不能剖分装配，只能轴向整体装配。
④径向尺寸比滑动轴承大。

4. 联轴器

联轴器用于轴与轴之间的连接，使之共同回转并传递运动及转矩。按性能可分为刚性联轴器和弹性联轴器两类。

（1）刚性联轴器

刚性联轴器是通过若干刚性零件将两轴连接在一起，可分为固定式（见图1—26）和可移式（见图1—27）两种。固定式刚性联轴器，虽然不具有补偿性能，但有结构简单、制造容易、不需维护、成本低等优点。可移式刚性联轴器具有补偿两轴相对位移的能力。

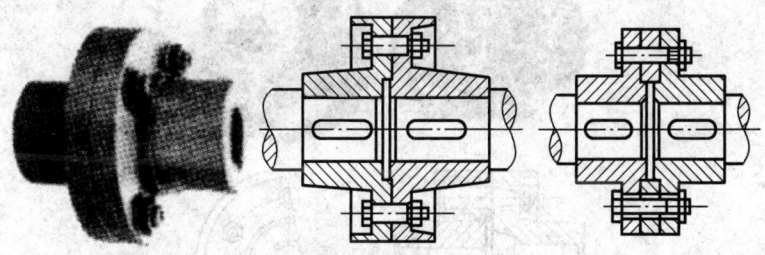

图1—26　固定式刚性联轴器

（2）弹性联轴器

弹性联轴器种类繁多，它具有缓冲吸振，可补偿较大的轴向位移、微量的径向位移和角位移等优点，常用于正反向变化多、启动频繁的高速轴上。常见的弹性联轴器如图1—28所示。

5. 制动器

制动器是用于机构和机器减速或使其停止的装置，是各类起

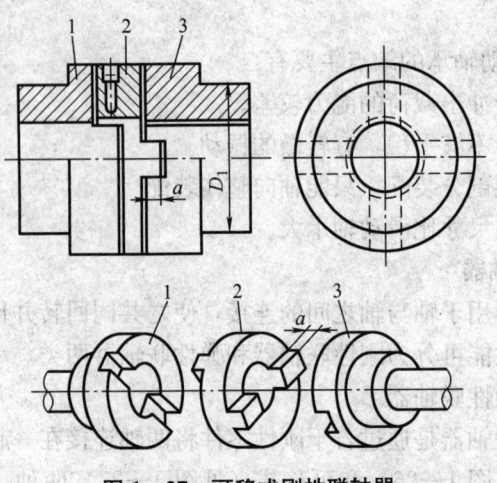

图 1—27 可移式刚性联轴器
1、3—半联轴器 2—滑块

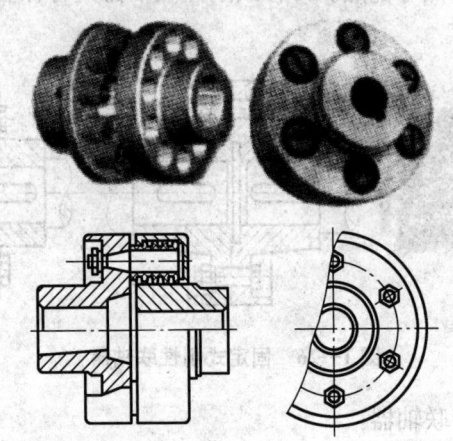

图 1—28 弹性联轴器

重机械不可缺少的组成部分之一，它既是起重机的控制装置，又是安全装置。其工作原理为：制动器摩擦副中的一组与固定机架相连，另一组与机构转动轴相连。当摩擦副接触压紧时，产生制动作用；当摩擦副分离时，制动作用解除，机构可以运动。

(1) 制动器的分类

1) 根据构造不同，制动器可分为以下3类：

①带式制动器。制动钢带在径向环抱制动轮而产生制动力矩。

②块式制动器。两个对称布置的制动瓦块，在径向抱紧制动轮而产生制动力矩。

③盘式与锥式制动器。带有摩擦衬垫的盘式和锥式金属盘，在轴向互相贴紧而产生制动力矩。

2) 按工作状态不同，制动器一般可分为常开式制动器和常闭式制动器。

①常开式制动器。制动器平常处于松开状态，需要制动时通过机械或液压机构来完成。塔式起重机的回转机构采用常开式制动器。

②常闭式制动器。在机构处于非工作状态时，制动器处于闭合制动状态；在机构工作时，操纵机构先行自动松开制动器。塔式起重机的起升和变幅机构均采用常闭式制动器。

建筑机械中最常用的是液压推杆制动器（见图1—29）和电磁制动器。无论是液压推杆制动器还是电磁制动器，其原理相近，均采用弹簧上紧闸，而松闸装置的液压或电磁推杆则布置在制动器的旁侧，通过杠杆系统与制动臂联系而实现松闸。

(2) 制动器的报废

制动器的零件有下列情况之一时，应予报废：

1) 可见裂纹。

2) 弹簧出现塑性变形。

3) 制动轮表面磨损量达 1.5～2 mm。

4) 制动块摩擦衬垫磨损量达原厚度的 50%。

5) 电磁铁杠杆系统空行程超过其额定行程的 10%。

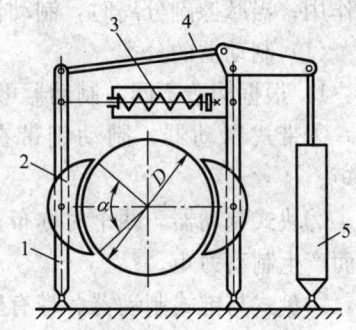

图 1—29　液压推杆制动器

1—制动臂　2—制动瓦块　3—上闸弹簧　4—杠杆　5—液压推杆松闸器

第四节　液压传动基础知识

一、液压传动的基本原理及其系统组成

1. 液压传动的基本原理

液压传动系统利用液压泵将原动机的机械能转换为液体的压力能，通过液体压力能的变化来传递能量，经过各种控制阀和管路的传递，借助于液压执行元件，即液压缸或液压马达，将液体压力能转换为机械能，从而驱动工作机构，实现直线往复运动或回转运动。液压传动系统中的液体称为工作介质，一般为矿物油，其作用和机械传动中的带、链条和齿轮等传动元件相类似。

2. 液压传动系统的组成

（1）动力元件

动力元件供给液压传动系统压力，并将原动机输出的机械能转换为油液的压力能，从而推动整个液压传动系统工作。最常用的动力元件是液压泵，它给液压传动系统提供压力。

(2) 执行元件

执行元件是将液压能转换成机械能的装置,用以驱动工作部件运动。最常用的执行元件是液压缸或液压马达。

(3) 控制元件

控制元件包括各种阀类,如压力阀、流量阀和方向阀等,用来控制液压传动系统的液体压力、流量、流速和方向,以保证执行元件完成预期的工作。

(4) 辅助元件

辅助元件指各种管接头、油管、油箱、过滤器和压力计等,起连接、储油、过滤和测量油压等辅助作用,以保证液压传动系统可靠、稳定、持久地工作。

(5) 工作介质

工作介质是指在液压传动系统中,承受压力并传递压力的油液,一般为矿物油,统称为液压油。

二、液压系统的主要元件

1. 液压泵

液压泵是液压传动系统中的动力元件,一般有齿轮泵、叶片泵和柱塞泵等几种。其中柱塞泵是靠柱塞在液压缸中往复运动造成容积变化来完成吸油与压油的。轴向柱塞泵是柱塞中心线平行于缸体轴线的一种泵,有斜盘式和斜轴式两类。斜盘式轴向柱塞泵的缸体与传动轴在同一轴线,斜盘与传动轴成一倾斜角,它可以是缸体转动,也可以是斜盘转动,如图1—30a 所示。斜轴式的轴向柱塞泵则为缸体相对传动轴轴线成一倾斜角,如图1—30b 所示。轴向柱塞泵具有结构紧凑、径向尺寸小、惯性小、容积效率高、压力高等优点,但轴向尺寸大,结构也比较复杂。轴向柱塞泵在高工作压力的设备中应用很广。

2. 液压缸

液压缸是液压传动系统中的执行元件,一般用于实现往复直

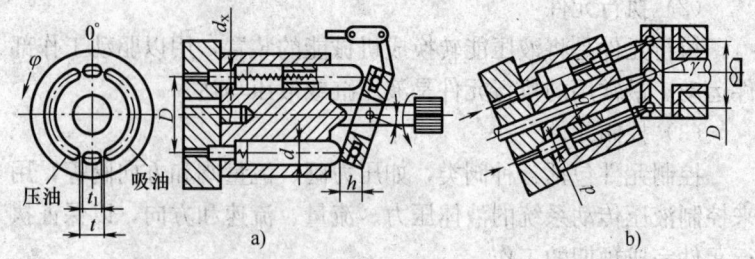

图 1—30　轴向柱塞泵工作原理图
a) 斜盘式　b) 斜轴式

线运动或摆动,将液压能转换为机械能。

3. 液压马达

液压马达也是将压力能转换成机械能的转换装置。与液压缸不同的是,液压马达以转动的形式输出机械能。液压马达有齿轮式、叶片式和柱塞式等类型。

液压马达和液压泵从原理上讲,它们是可逆的。当电动机带动其转动时由其输出压力能（压力和流量）,即为液压泵；反之,当液压油输入其中,由其输出机械能（转矩和转速）,即是液压马达。

4. 控制元件

（1）双向液压锁

双向液压锁是一种防止过载和液力冲击的安全溢流阀,安装在液压缸上端部,如图 1—31 所示。液压锁主要是为了防止油管破损等原因导致的系统压力急速下降,通过锁定液压缸,防止事故发生。双向液压锁广泛应用于工程机械及各种液压装置的保压油路中。

（2）溢流阀

溢流阀是一种液压压力控制阀,通过阀口的溢流,使被控制系统压力保持恒定,实现稳压、调压或限压作用。它依靠弹簧力和油的压力的平衡来实现液压泵供油压力的调节。

图 1—31 双向液压锁

（3）减压阀

减压阀是一种利用液流流过缝隙产生压降的原理，使出口油压低于进口油压，以满足执行机构需要的压力控制阀。减压阀有直动式和先导式两种，一般常采用先导式，如图 1—32 所示。

（4）顺序阀

顺序阀用来控制液压传动系统中两个或两个以上工作机构的先后顺序。顺序阀串联于油路上，它是利用系统中的压力变化来控制油路通断的。顺序阀可分为直动式和先导式，又可分为内控式和外控式，压力也有高压和低压之分。常采用的为直动式，如图 1—33 所示。

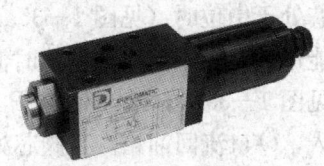

图 1—32　先导式减压阀　　图 1—33　直动式顺序阀

(5) 换向阀

换向阀是借助于阀芯与阀体之间的相对运动来改变油液流动方向的阀类。按阀芯相对于阀体的运动方式不同，换向阀可分为滑阀（阀芯移动）和转阀（阀芯转动）。按阀体连通的主要油路数不同，可分为二通、三通、四通换向阀等；按阀芯在阀体内的工作位置数不同，可分为二位、三位、四位换向阀等；按操作方式不同，可分为手动、机动、电磁、液动、电液动换向阀等，如图1—34所示。按换向阀阀芯定位方式分为钢球定位和弹簧复位两种。

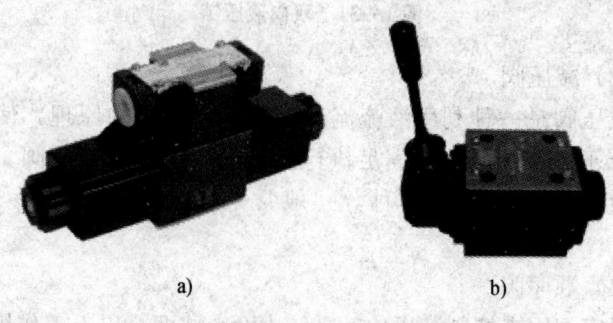

图1—34 换向阀
a) 电磁换向阀　b) 手动换向阀

三位四通阀工作原理：

如图1—35所示，三位四通阀的阀芯有三个工作位置，左、中、右称为三位；阀体上有四个通路，O、A、B、P称为四通。P为进油口，O为回油口，A、B为通往执行元件两端的油口。当阀芯处于中位时（见图1—35a），各通道均堵住。液压缸两腔既不能进油，也不能回油，此时活塞锁住不动。当阀芯处于右位时（见图1—35b），液压油从P口流入，A口流出；回油从B口流入，O口流回油箱。当阀芯处于左位时（见图1—35c），液压油从P口流入，B口流出；回油由A口流入，O口流回油箱。图1—35d所示为三位四通阀的图形符号。

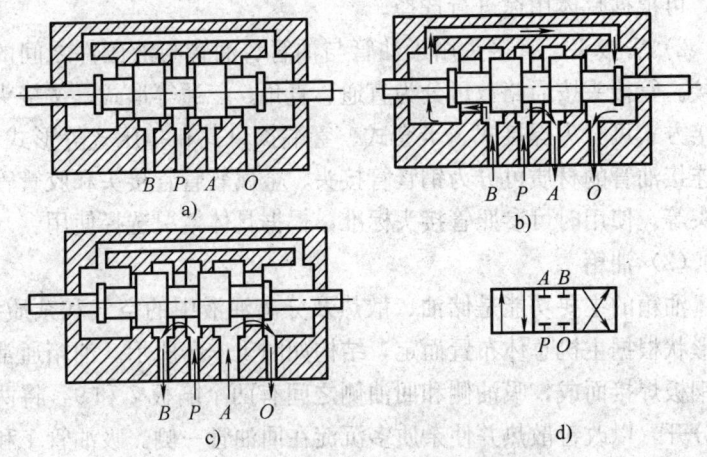

图1—35 三位四通阀工作原理图

a) 滑阀处于中位 b) 滑阀移于右位 c) 滑阀移于左位 d) 图形符号

(6) 流量控制阀

流量控制阀是通过改变液流的通流截面来控制系统工作流量,以改变执行元件运动速度的阀,简称流量阀。常用的流量阀有节流阀和调速阀等,如图1—36所示。

图1—36 节流阀

5. 液压辅件

(1) 油管和管接头

1) 油管。油管用于连接液压元件和输送液压油。在液压系统中,常用的油管有钢管、铜管、塑料管、尼龙管和橡胶软管等，可根据具体用途进行选择。

2）管接头。管接头用于油管与油管、油管与液压件之间的连接。管接头按通路数可分为直通、直角、三通等形式；按接头连接方式可分为焊接式、卡套式、管端扩口式和扣压式等形式；按连接油管的材质可分为钢管管接头、金属软管管接头和胶管管接头等。使用时可参照管接头标准，根据具体情况选择使用。

（2）油箱

油箱的主要功能是储油、散热及分离油液中的空气和杂质，其形状根据主机总体布置而定，结构如图1—37所示。油箱通常用钢板焊接而成，吸油侧和回油侧之间有两个隔板7和9，将两区分开，以改善散热并使杂质多沉淀在回油管一侧。吸油管1和回油管4应尽量远离，但距箱边应大于管径的三倍。加油用加油孔2设在回油管一侧的上部，兼起过滤空气的作用，盖上面装有通气罩3。为便于放油，油箱底面有适当的斜度，并设有放油塞8，油箱侧面设有油标6，用以观察油面高度。当需要彻底清洗油箱时，可将箱盖5卸开。

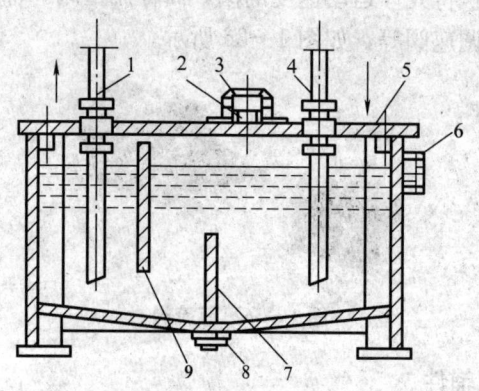

图1—37 油箱结构示意图

1—吸油管 2—加油孔 3—通气罩 4—回油管 5—箱盖
6—油标 7、9—隔板 8—放油塞

油箱容积主要根据散热要求来确定，同时还必须考虑机械在停止工作时系统油液在自重作用下能全部返回油箱。

(3) 滤油器

滤油器的作用是分离液压油中的杂质，使系统中的液压油经常保持清洁，以提高系统工作的可靠性和液压元件的寿命，如图1—38所示。滤油器按过滤情况可分为粗滤油器、普通滤油器、精滤油器和特精滤油器；按结构可分为网式滤油器、线隙式滤油器、烧结式滤油器、纸芯式滤油器和磁性滤油器。滤油器可以安装在液压泵的吸油口、出油口以及重要元件的前面。通常情况下，泵的吸油口装粗滤油器，泵的出油口和重要元件前装精滤油器。

图1—38 滤油器

液压系统中的故障80%左右是由污染的油液引起的。因此，液压系统中所用的油液必须经过过滤，并在使用过程中要保持油液清洁。油液的过滤一般先经过沉淀，然后经滤油器过滤。

滤油器的基本要求如下：

1) 过滤能力（即一定压降下允许通过滤油器的最大流量）满足设计要求。

2) 过滤精度（滤油器滤芯滤去杂质的粒度大小）满足设计

要求。

3) 滤油器应有一定的机械强度,不会因液压力作用而被破坏。

4) 滤芯抗腐蚀能力强,并能在一定温度范围内持久工作。

5) 滤芯应便于清洗、装拆、维护和更换。

三、液压油

液压油是液压系统的工作介质,也是液压元件的润滑剂和冷却剂。液压油的性质对液压传动性能有明显的影响。因此,在选用液压油时应注意液压油的黏度随温度变化的性能、抗磨损性、抗剪切安定性、抗氧化安定性、抗乳化性、抗泡沫性、抗燃性、抗橡胶溶胀性、防锈性等。

液压油的性质不同,其价格也相差很大。在选择液压油时,应根据设备说明书的规定并结合使用环境选用合适的液压油,既要适用又不至于浪费。

四、液压系统的维护保养

油箱在第一次加满油后,经开机运转后,应向油箱内进行二次加油,并使液压油至油位观察窗上限,以确保油箱内有足够的油液循环。

在使用过程中液压油会氧化变质,各种理化性能下降。因此,应及时更换液压油。

换油周期可按以下几种方法确定。

1. 综合分析测定法

综合分析测定法依靠化验仪器定期取样测定主要理化性能指标,连续监控油的变质状况。

2. 固定周期换油法

固定周期换油法是指按液压系统累计运转小时数换油。通常按使用说明书要求的周期进行更换。

3. 经验判断法

经验判断法通过采集油样与新油相比进行外观检查,观看油液有无颜色、水分、沉淀、泡沫、异味、黏度等差异,综合各类情况可做出如下外观判断与处理:

(1) 当液压油变成乳白色,或混入空气或水,应分离水气或换油。

(2) 当液压油中有小黑点,或发现混入杂质、金属粉末,应过滤或换油。

(3) 当液压油变成黑褐色,或有臭味、氧化变质,应全部换油。

第二章

施工升降机概述及其分类

第一节 概述

施工升降机是一种用吊笼载人、载物,沿导轨做上、下运输的施工机械。施工升降机又称施工电梯,主要应用于高层和超高层建筑施工、桥梁施工,也用于仓库、码头、高塔等固定设施的垂直运输,如图2—1所示。

图2—1 施工升降机的应用
a) 应用于铁塔施工 b) 应用于超高设施施工 c) 应用于桥梁施工

施工升降机在20世纪70年代开始应用于建筑施工中。70年代中期研制的76型施工升降机,采用单驱动机构、五挡涡流调速、圆柱蜗轮减速器、柱销式联轴器和楔块捕捉式限速器，额定提升速度为 36.4 m/min，额定载荷为 1 000 kg，最大提升高度为 100 m，基本上满足了当时高层建筑施工的需要。到了 80 年代，随着我国建筑业迅速发展，高层建筑的不断增加，为满足建筑业对施工升降机的更高要求，研制了 SCD200/200 型的施工升降机。该机采用双驱动型式、专用电动机、平面二次包络蜗轮减速器和锥形摩擦式双向限速器，额定载荷为 2 000 kg，最大提升高度为 150 m；该机具有较高的传动效率和先进的防坠安全器，同时也增大了额定载重量和提升高度，达到了国外同类产品的技术性能，逐步成为使用最多的施工升降机基本机型，已基本满足了国内建筑施工需要。

由于超高层建筑的不断出现，进入 20 世纪 90 年代，施工升降机的运行速度已满足不了施工要求，于是先后诞生了液压施工升降机和变频调速施工升降机。它们的最大提升速度达到甚至超过了 90 m/min，最大提升高度均达到了 400 m。为了适应特殊建筑物的施工要求，同期还出现了倾斜式和曲线式施工升降机。

第二节　施工升降机的分类和型号

一、施工升降机的分类

施工升降机按其传动型式可分为齿轮齿条式、钢丝绳式和混合式 3 种。

1. 齿轮齿条式人货两用施工升降机

该施工升降机的传动方式为齿轮齿条式，动力驱动装置均通过平面包络环面蜗杆减速器带动小齿轮转动，再由传动小齿轮和导轨架上的齿条啮合，通过小齿轮的转动带动吊笼升降，每个吊笼上均装有渐进式防坠安全器，如图 2—2 所示。

图 2—2 齿轮齿条式施工升降机

齿轮齿条式施工升降机按驱动传动方式的不同目前有普通双驱动或三驱动型式、变频调速驱动型式、液压传动驱动型式;按导轨架结构形式的不同有直立式、倾斜式、曲线式。

(1) 普通施工升降机

普通施工升降机采用专用双驱动或三驱动电动机作动力,其起升速度一般为 36 m/min。采用双驱动的施工升降机一般带有对重,其导轨架是由标准节通过高强度螺栓连接组装而成的直立结构型式。普通施工升降机在建筑施工中广泛使用。

(2) 液压施工升降机

液压施工升降机采用了液压传动驱动并实现无级调速,启动制动平稳且运行速度快。驱动机构通过电动机带动柱塞泵产生高压油液,再由高压油液驱使液压马达运转,并通过蜗轮减速器及主动小齿轮实现吊笼的上下运行。但由于液压施工升降机噪声大、成本高,目前较少使用。

(3) 变频调速施工升降机

变频调速施工升降机由于采用了变频调速技术，具有手控有级变速和无级变速，其调速性能更优于液压施工升降机，启动制动更平稳，噪声更小。其工作原理是电源通过变频调速器，改变进入电动机的电源频率，以实现电动机变速。

变频调速施工升降机的最大提升高度可达 450 m，最大起升速度达 96 m/min。由于良好的调速性能、较大的提升高度，变频调整施工升降机在高层、超高层建筑中得到了广泛的应用。

(4) 倾斜式施工升降机

倾斜式施工升降机是根据特殊形状的建筑物的施工需要而产生的，其吊笼在运行过程中应始终保持竖直状态，导轨架按建筑物需要倾斜安装，吊笼两受力立柱与吊笼框制作成倾斜形式，其倾斜度与导轨架一致。由于吊笼的两立柱、导轨架、齿条与吊笼都有一个倾斜度，因此，三台驱动装置布置形式呈阶梯式，如图2—3 所示。导轨架轴线与竖直线夹角一般不大于 11°。

倾斜式施工升降机与直立式施工升降机在设计与制造上的主

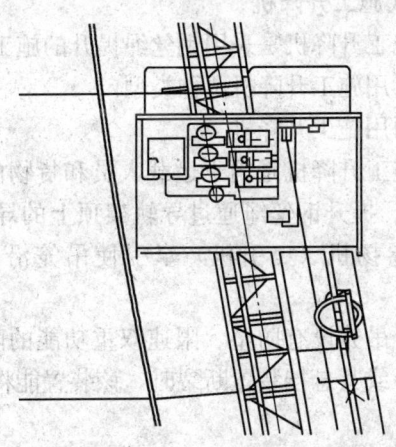

图 2—3 驱动装置布置形式

要区别是导轨架的倾斜度由底座的形式和附墙架的长短来决定。附墙架设有长度调节装置,以便在安装中调节附墙架的长短,保证导轨架的倾斜度和直线度。

(5) 曲线式施工升降机

曲线式施工升降机无对重,导轨架采用矩形截面或片状方式,通过附墙架或直接与建筑物内外壁面进行直线、斜线和曲线架设。该机型主要应用于以电厂冷却塔为代表的曲线外形的建筑物施工中,如图2—4所示。

曲线式施工升降机在设计与制作方面有以下特点:

1) 吊笼采用下固定铰点或中固定铰点,设置有强制式自动调平与手动调平两种制式调平机构,可使吊笼在做多种曲线运行时始终保持竖直。

2) 吊笼与驱动装置采用拖式铰接连接,驱动装置采用全浮动机构,使曲线式施工升降机能适应更大的倾角和曲率。

3) 齿轮齿条传动实现小折线近似多种曲线的特殊结构设计,保证传动机构能够平稳可靠地运行。

2. 钢丝绳式施工升降机

钢丝绳式施工升降机是采用钢丝绳提升的施工升降机,可分为人货两用和货用施工升降机两种类型。

(1) 人货两用施工升降机

人货两用施工升降机是用于运载人员和货物的施工升降机,如图2—5所示。提升钢丝绳通过导轨架顶上的导向滑轮,用设置在地面上的卷扬机(曳引机)牵引使吊笼沿导轨架做上下运动。

该机型每个吊笼设有防坠、限速双重功能的防坠安全装置,当吊笼超速下行或其悬挂装置断裂时,该装置能将吊笼制停并保持静止状态。

(2) 货用施工升降机

图 2—4　曲线式施工升降机　　　图 2—5　钢丝绳式人货两用施工升降机

货用施工升降机是只用于运载货物，禁止运载人员的施工升降机，如图 2—6 所示。提升钢丝绳通过导轨架顶上的导向滑轮，用设置在地面上的卷扬机（曳引机）牵引使吊笼沿导轨架做上下运动。该机设有断绳保护装置，当提升钢丝绳松绳或断裂时，该装置能制停带有额定载重量的吊笼，且不造成结构严重损坏。对额定提升速度大于 0.85 m/s 的升降机安装有非瞬时式防坠安全装置。

3. 混合式施工升降机

该机型为一个吊笼采用齿轮齿条传动，另一个吊笼采用钢丝绳提升的升降机。目前建筑施工中很少使用。

图 2—6　货用施工升降机

二、施工升降机的型号

施工升降机的型号由组、型、特性、主参数和变型更新等代号组成。型号编制方法如下：

1. 主参数代号

单吊笼施工升降机标注 1 个数值。双吊笼施工升降机标注两个数值，用符号"/"分开，每个数值均为一个吊笼的额定载重量代号。对于 SH 型施工升降机，前者为齿轮齿条传动吊笼的额定载重量代号，后者为钢丝绳提升吊笼的额定载重量代号。

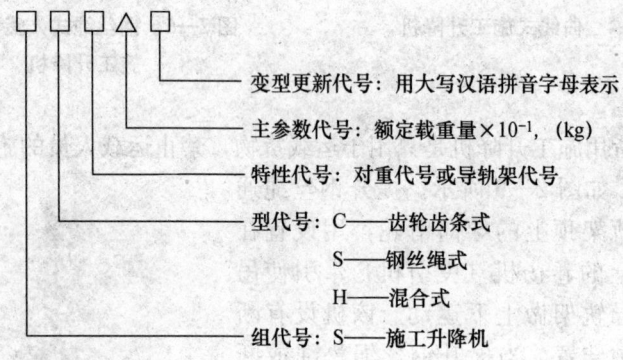

变型更新代号：用大写汉语拼音字母表示
主参数代号：额定载重量$\times 10^{-1}$，(kg)
特性代号：对重代号或导轨架代号
型代号：C——齿轮齿条式
　　　　S——钢丝绳式
　　　　H——混合式
组代号：S——施工升降机

2. 特性代号

特性代号是表示施工升降机两个主要特性的符号。

（1）对重代号。有对重时标注 D，无对重时省略。

（2）导轨架代号。对于 SC 型施工升降机，三角形截面标注 T，矩形或片式截面省略；倾斜式或曲线式导轨架，则不论何种截面均标注 Q。对于 SS 型施工升降机，导轨架为两柱时标注 E，单柱导轨架内包容时标注 B，不包容时省略。

3. 标记示例

（1）齿轮齿条式施工升降机，双吊笼有对重，一个吊笼的额定载重量为 2 000 kg，另一个吊笼的额定载重量为 2 500 kg，导轨架横截面为矩形，表示为：施工升降机 SCD200/250（GB/T 10054—2005）。

(2) 钢丝绳式施工升降机，单柱导轨架横截面为矩形，导轨架内包容一个吊笼，额定载重量为 3 200 kg，第一次变型更新，表示为：施工升降机 SSB320A（GB/T 10054—2005）。

三、施工升降机的基本技术参数

1. 施工升降机的主要技术参数

(1) 额定载重量。工作工况下吊笼允许的最大载荷。

(2) 额定提升速度。吊笼装载额定载重量，在额定功率下稳定上升的设计速度。

(3) 吊笼净空尺寸。吊笼内空间大小（长×宽×高）。

(4) 最大提升高度。吊笼运行至最高上限位位置时，吊笼底板与基础底架平面间的垂直距离。

(5) 额定安装载重量。安装工况下吊笼允许的最大载荷。

(6) 标准节尺寸。组成导轨架的可以互换的构件的尺寸大小（长×宽×高）。

(7) 对重质量。有对重的施工升降机的对重质量。

2. 施工升降机主要技术参数示例

(1) SS100（SS100/100）型货用施工升降机，其主要技术参数见表 2—1。

表 2—1　SS100 型货用施工升降机主要技术性能参数

项　目	单位	技术参数
额定载重量	kg	1 000
安装吊杆额定起重量	kg	120
吊笼净空尺寸（长×宽）	m	(2.5～3.8)×(1.3～1.5)

续表

项目		单位	技术参数
提升高度		m	50
额定起升速度		m/min	28～30
电动机	功率	kW	11
	电源		380 V，50 Hz
标准节尺寸（长×宽×高）		m	0.8×0.8×1.508
标准节质量		kg	110
最大自由端高度		m	6

（2）SCD200/200型人货两用施工升降机的主要技术参数见表2—2。

表2—2 SCD200/200型人货两用施工升降机主要技术参数

项目	单位	技术参数
额定载重量	kg	2×1 000
额定起升速度	m/min	38
吊笼净空尺寸（长×宽×高）	m	3.0×1.3×2.7
最大提升高度	m	150
电动机功率	kW	11
电动机数量	台	2×2
安装吊杆起重量	kg	≤200
标准节高度	mm	1 508
对重质量	kg	2×1 260
最大自由端高度	m	9

（3）SCD200/200G型和SC200/200G型变频调速施工升降机的主要技术参数见表2—3。

表 2—3 SCD200/200G 型和 SC200/200G 型变频调速施工升降机的主要技术参数

项 目	单位	技术参数	
		SCD200/200G	SC200/200G
额定载重量	kg	2×2 000	2×2 000
提升速度	m/min	0～96	0～60
最大提升高度	m	450	450
电动机功率	kW	15	15
电动机数量	台	2×3	2×3
对重质量	kg	2×2 000	

（4）SCQ150/150 型倾斜式施工升降机，如图 2—7 所示，其主要技术参数见表 2—4。

图 2—7 倾斜式施工升降机

表 2—4 SCQ150/150 型倾斜式施工升降机主要技术参数

项 目	单位	技术参数	项 目	单位	技术参数
最大提升高度	m	215	提升速度	m/min	37
导轨架倾角 α		7°	电动机功率	kW	(7.5×3)×2
额定载重量	kg	2×2 000			

（5）SCQ60 型曲线式施工升降机的主要技术参数见表 2—5。

表 2—5　SCQ60 型曲线式施工升降机主要技术参数

项目	单位	技术参数	项目	单位	技术参数
最大提升高度	m	150	最大提升速度	m/min	28
调平机构倾角 α		$-9°\sim+21°$	电动机功率	kW	7.5
导轨架转角 β		$1°$	额定载重量	kg	600
吊笼尺寸	m	$2.1\times0.88\times2.25$			

（6）SSBD100 型和 SSBD100A 型钢丝绳式人货两用施工升降机主要技术参数见表 2—6。

表 2—6　SSBD100 型和 SSBD100A 型钢丝绳式人货两用施工升降机主要技术参数

项目	单位	技术参数	
		SSBD100 型	SSBD100A
额定载重量	kg	1 000（12 人）	1 000（12 人）
最高架设高度	m	100	100
最大提升高度	m	94	94
额定提升速度	m/min	38	38
电动机型号		Y160M-6	Y160M-6
电动机功率	kW	7.5	7.5
电动机额定电压/电流		380 V/24 A，50 Hz	380 V/24 A，50 Hz
曳引钢丝绳型号		11.NAT.6×19S+FC—1 670	11.NAT.6×19S+FC—1 670
吊笼载货空间（长×宽×高）	m	$2.6\times1.9\times2.4$	$3.8\times1.5\times2.2$
架体每节高度	m	1.5	1.5
吊笼自重	kg	950	950
曳引机自重	kg	590	590
对重箱自重	kg	1 400	1 400
整机自重	t	20（100 m）	20（100 m）

第三章

施工升降机的组成

施工升降机一般由金属结构、传动机构、安全装置和控制系统四部分组成。

第一节 施工升降机的金属结构

施工升降机的金属结构主要由导轨架、吊笼、防护围栏、附墙架和楼层门等组成,如图 3—1 所示。

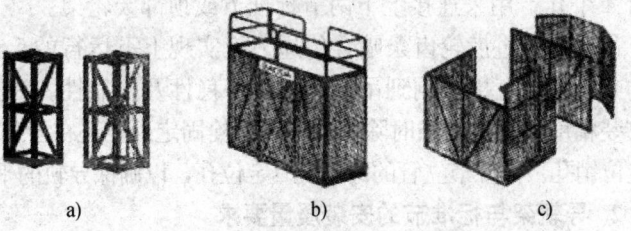

图 3—1 施工升降机金属结构
a) 导轨架 b) 吊笼 c) 防护围栏

一、导轨架

施工升降机的导轨架是用以支撑和引导吊笼、对重等装置运行的金属构架。它是施工升降机的主体结构之一,主要作用是支撑吊笼、荷载以及平衡重,并对吊笼运行进行导向,因此,导轨架必须有足够的强度和刚度。

施工升降机的导轨架是由标准高度的导轨通过高强度螺栓连接组装而成。标准导轨节（简称标准节）是组成导轨架的可以互换的构件。所以，标准节及其连接均需可靠。

1. 标准节的结构与种类

标准节的截面一般有方形、三角形等，常用的是方形，如图3—2所示。

方形标准节由四根布置在四角作为立管的钢管和作为水平杆、斜腹杆的角钢，圆钢焊接而成。齿轮齿条式施工升降机的标准节一般长度为1 508 mm，并用内六角螺栓把两根符合要求的齿条垂直安装在立柱的左右两侧，作为施工升降机传递力矩用，有对重的施工升降机在立柱前后焊接或组装有对重的导轨，每节标准节上下两端四角立管内侧配有4个孔，用来连接上下两节标准节或顶部天轮架。

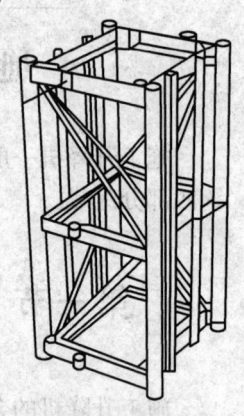

图3—2 标准节

吊笼是通过齿轮齿条啮合传递力矩实现上下运行的。齿轮齿条的啮合精度直接影响到吊笼运行的平稳性及可靠性。为了确保其安装精度，安装齿条时除用高强度螺栓固定外，还在齿条两端配有定位销孔。标准节立管的两端设有定位孔，以确保导轨的平直度。

2. 导轨架与标准节的安装质量要求

（1）SC型施工升降机的导轨架在安装和使用时其轴心线对底座水平基准面的垂直度偏差应符合表3—1的规定。

表3—1　　　　　　　安装垂直度误差

导轨架架设高度 h (m)	$h \leqslant 70$	$70 < h \leqslant 100$	$100 < h \leqslant 150$	$150 < h \leqslant 200$	$h > 200$
垂直度偏差 (mm)	不大于导轨架架设高度的1/1 000	$\leqslant 7$	$\leqslant 90$	$\leqslant 110$	$\leqslant 130$

（2）标准节拼接时，相邻标准节的立柱结合面对接应平直，相互错位形成的阶差应限制在：

1）吊笼导轨不大于 0.8 mm。

2）对重导轨不大于 0.5 mm。

（3）标准节上的齿条连接应牢固，相邻两齿条的对接处，沿齿高方向的阶差不应大于 0.3 mm，沿长度方向的齿距偏差不应大于 0.6 mm。

（4）当立管壁厚减少到出厂厚度的 25‰ 时，标准节应予报废或按立管壁厚规格降级使用。

（5）当一台施工升降机使用的标准节有不同的立管壁厚时，标准节应有标志，因此在安装使用前，把相同类型的标准节归类堆放，并严格按使用说明书或安装手册规定依次加节安装。

（6）SS 型施工升降机导轨架轴心线对底座水平基准面的安装垂直度偏差不应大于导轨架高度的 1.5‰。

（7）SS 型施工升降机导轨接点截面相互错位形成的阶差不大于 1.5 mm。

（8）导轨架与标准节及其附件应保持完整完好。

3. 限位碰块

限位碰块包括上、下行程限位碰块和上、下行程极限限位碰块。

（1）限位碰块是触发安全开关的金属构件，一般安装在导轨架上，升降机在运行或安全装置动作而触发安全开关时，应能使升降机停止运行，避免发生安全事故。

（2）限位碰块的安装位置要求：

1）限位碰块应完好、安装牢固。

2）当额定提升速度小于 0.8 m/s 时，上限位碰块安装位置距导轨架顶部安全距离不小于 1.8 m。

3）当额定提升速度大于或等于 0.8 m/s 时，上限位碰块安装位置距导轨架顶部安全距离应满足下式的计算值：

$$L=1.8+0.1v^2$$

式中 L——上部安全距离，m；

v——提升速度，m/s。

4）下限位碰块的安装位置应保证吊笼以额定载重量下降时，碰块触发相应的安全开关使吊笼制停，此时吊笼离下极限碰块还应有一定行程。

5）在正常工作状态下，上极限碰块的安装位置应保证上极限碰块与上限位碰块之间的越程距离为：

SS 型施工升降机 0.5 m；

SC 型施工升降机 0.15 m。

6）在正常工作状态下，下极限碰块的安装位置，应确保吊笼碰到缓冲器之前，下极限开关应首先动作。

二、附墙架

附墙架是按一定间距连接导轨架与建筑物或其他固定结构，用以支撑导轨架的构件。当导轨架高度超过最大独立高度时施工升降机应架设附着装置。

1. 附墙架的种类

附墙架一般可分为直接附墙架和间接附墙架。直接附墙时，附墙架的一端用 U 形螺栓和标准节的框架连接，另一端和建筑物连接以保持其稳定性，如图 3—3 所示。间接附墙时，

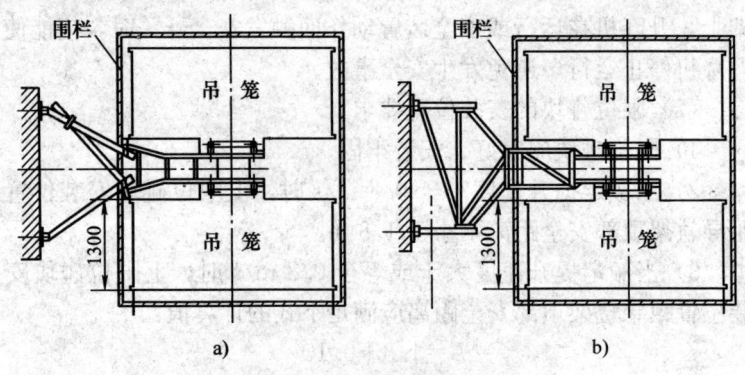

图 3—3 直接附墙架示意图

附墙架的一端用U形螺栓和标准节的框架连接，另一端两个扣环扣在两根导柱管上，同时用过桥连杆把4根过道竖杆（立管）连接起来，在过桥连杆和建筑物之间用斜支撑等连接成一体。通过调节附墙架可以调整导轨架的垂直度，如图3—4所示。

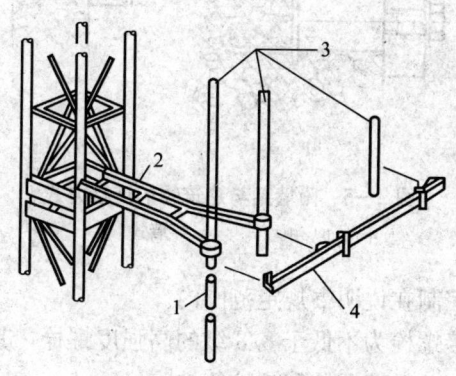

图3—4　间接附墙架示意图
1—立杆接头　2—短前支撑　3—过道竖杆（立管）　4—过桥连杆

2. 附墙架与建筑物的连接方法

根据建筑物条件、相对位置，确定附墙架与建筑物的连接方法、连接件与墙的连接方式，如图3—5所示。附墙架连接不得使用膨胀螺栓。

3. 附墙架的安装质量要求

（1）导轨架的高度超过最大独立高度时，应设置附墙装置。附墙架的附着间隔应符合使用说明书的要求。施工升降机运动部件与除登机平台以外的建筑物和固定施工设备之间的距离不小于0.2 m。

（2）附墙架的结构与零部件应完整、完好。

（3）调节附墙架的丝杆或调节孔，使导轨架的垂直度符合标准。

（4）附墙架应保持水平位置，由于建筑物条件影响，其最大

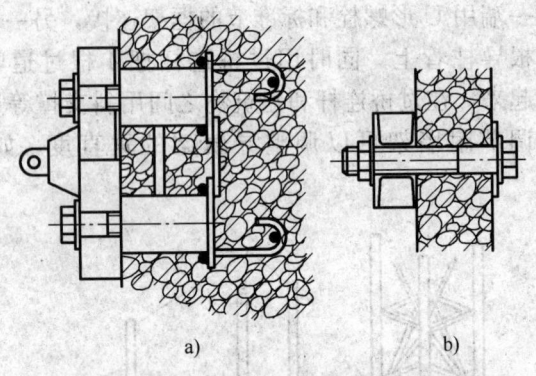

图 3—5　附墙架与建筑物的连接方式
a) 预埋式　b) 穿墙式

水平倾角应控制在说明书规定范围内。

(5) 连接螺栓为不低于 8.8 级的高强度螺栓,其紧固件的表面不得有锈斑、碰撞凹坑和裂纹等缺陷。

三、吊笼

吊笼是施工升降机用来运载人员或货物的笼形部件和用来运载物料的带有侧护栏的平台或斗状容器的总称。一般是用型钢、钢板和钢板网等焊接而成。前后有进出口和门,一侧装有驾驶室,主要操作开关均设置在驾驶室内。吊笼上安装了导向滚轮,沿导轨架运行。

1. 吊笼的构造

施工升降机的吊笼一般由型钢组成矩形框架,四周封有钢丝网片或金属板,底部铺设木板或钢板,如图 3—6 所示。吊笼外形一般为长 3 m,宽 1.3 m,高 2.6 m,一端是一扇配有平衡重块的单行门,并能自己平衡定位;而另一端是一扇卸料用的双行门,载人吊笼门框的净高度至少为 2.0 m,净宽度至少为 0.6 m。门应能完全遮蔽开口,其开启高度不应低于 1.8 m。

吊笼门装有机械锁钩，保证在运行时不会自动打开，同时还设有电气安全开关，当门未完全关闭时能有效切断控制回路电源，使吊笼停止或无法启动。

在吊笼的顶部设有紧急逃离出口，出口的面积不小于 0.4 m×0.6 m，紧急逃离出口上装有向外开启的天窗盖，抵达天窗的梯子应始终置于吊笼内。紧急逃离门上还装有电气安全开关联锁装置，当门未锁紧时吊笼应停止或无法启动。

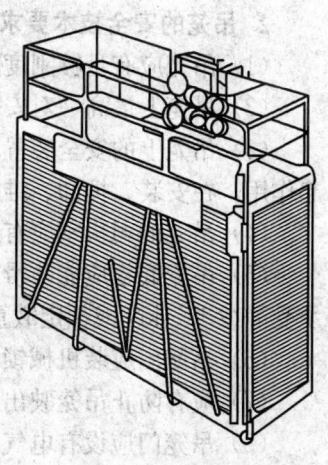

图 3—6　吊笼

载人的吊笼应封顶，笼内净高度不应小于 2 m。吊笼顶部设有天窗和作为安装、拆卸、维修的平台及防护围栏，护栏的上扶手应不低于 1.05 m，中间增设横杆，踢脚板高度不小于 100 mm，护栏与顶板边缘的距离不应大于 100 mm。

为保证吊笼在导轨架上顺畅上下运行，吊笼上装有两组滚轮装置，并通过滚轮装置套合在导轨架上，如图 3—7 所示。在吊笼的两根主立柱上还安装了两对防止吊笼倾翻的安全钩。

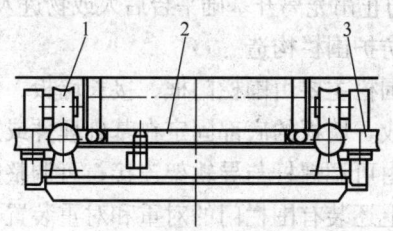

图 3—7　滚轮装置
1—正压轮　2—导轨架　3—侧滚轮

· 57 ·

2. 吊笼的安全技术要求

(1) 吊笼应有足够刚度的导向装置以防止脱落和卡住。

(2) 吊笼上最高一对安全钩应处于最低驱动齿轮之下。

(3) 吊笼上的安全装置和各类保护措施,不仅在正常工作时起作用,在安装、拆卸、维护时也应起作用。

(4) 吊笼的司机室应有良好的视野和足够的空间。

(5) 吊笼底板应能防滑、排水,在 0.1 m×0.1 m 区域内能承受静载 1.5 kN 或额定载重量的 25% 而无永久变形。

(6) 吊笼门应装机械锁钩,以保证运行时不会自动打开。

(7) 应有防止吊笼驶出导轨的措施。

(8) 吊笼门应设有电气安全开关。当门未完全关闭时,该开关应有效切断控制回路电源,使吊笼停止或无法启动。

四、底架、防护围栏与层门

1. 底架

底架是安装施工升降机导轨架及围栏等构件的机架。底架应能承受施工升降机作用在其上的所有载荷,并能有效地将载荷传递到其支撑件基础表面。

2. 地面防护围栏

施工升降机的地面防护围栏是指地面上包围吊笼的防护围栏,其主要作用是防止吊笼离开基础平台后人或物进入基础平台。

(1) 地面防护围栏构造

地面防护围栏主要由围栏门框、接长墙板、侧墙板、后墙板和围栏门等组成,墙板的底部固定在基础埋件或连接在基础底架上,前后墙板由可调螺杆与导轨架连接,可调整门框和墙板垂直度。围栏门框上还装有围栏门的对重和对重装置,以及围栏门的机电联锁装置。

(2) 地面防护围栏的要求

1) 施工升降机的地面防护围栏设置高度应不低于 1.8 m,

并应围成一周,围栏登机门的开启高度不应低于1.8 m。

2) 对重应置于地面防护围栏之内。

3) SS型货用施工升降机地面防护围栏的设置高度应不低于1.5 m,围栏登机门的开启高度应不低于1.8 m。

4) 围栏登机门应具有电气安全开关和机械锁,只有在围栏登机门关好后施工升降机才能启动;吊笼位于底部规定位置时,围栏登机门才能开启。

5) 防护围栏的结构和零部件应保持完整和完好。

3. 层门

(1) 层门的作用与种类

在楼层的卸料平台上应设置层门,如图3—8所示,对卸料通道起安全保护作用。层门应用型钢做框架,封上钢丝网,并设有牢固可靠的锁紧装置,层门的开、关过程应由吊笼内乘员操作,不得受吊笼运动的直接控制。

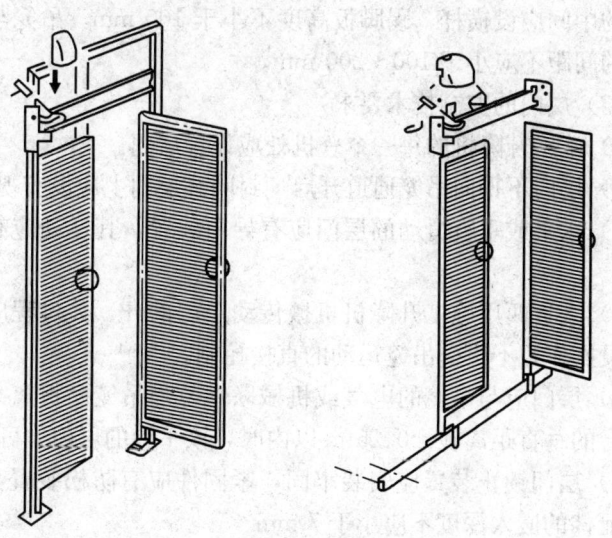

图3—8 层门

(2) 层门的安装要求

1) 层门的净宽度与吊笼进出口宽度之差不得大于 120 mm，层门的底部与卸料平台的距离不应大于 50 mm，层门不能凸出到吊笼的升降通道上。

2) 正常情况下，关闭的吊笼门与层门间的水平距离不应大于 200 mm。

3) 装载或卸载时，吊笼门与卸料平台边缘的水平距离不应大于 50 mm。

4) 全高度层门打开后的净高度不应小于 2.0 m。在特殊情况下，净高度不应小于 1.8 m。

5) 高度降低的层门的高度不应小于 1.1 m。层门与正常工作的吊笼运动部件的安全距离不应小于 0.85 m；如果额定提升速度不大于 0.7 m/s 时，安全距离可为 0.5 m。

6) 高度降低的层门两侧应设置高度不小于 1.1 m 的护栏，护栏的中间应设横杆，踢脚板高度不小于 100 mm。吊笼与侧面围栏的间距不应小于 100～200 mm。

(3) 层门的安全技术要求

1) 施工升降机的每一个登机处应设置层门。

2) 层门不得向吊笼通道开启，封闭式层门上应设有视窗。

3) 水平或垂直滑动的层门应有导向装置，其运动应有挡块限位。

4) 人货两用施工升降机机械传动层门的开、关过程应由笼内乘员操作，不得受吊笼运动的直接控制。

5) 层门应与吊笼的电气或机械联锁，当吊笼底板离某一卸料平台的垂直距离在±0.25 m 以内时，该平台的层门方可打开。

6) 层门锁止装置应安装牢固，紧固件应有防松装置，所有锁止元件的嵌入深度不应小于 7 mm。

7) 层门的结构和所有零部件都应完整和完好，安装牢固可靠，活动部件灵活。层门的强度应符合相关标准。

五、对重系统

1. 天轮架

带对重的施工升降机由于连接吊笼与对重的钢丝绳需要经过一个定滑轮而工作,因此,需要设置天轮架。天轮架一般有固定式和开启式两种。图 3—9 所示为 SC 型施工升降机天轮架。

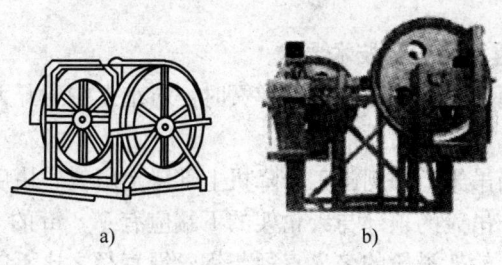

图 3—9 天轮架
a) 固定式 b) 开启式

(1) 固定式天轮架

固定式天轮架是用型钢加工的滑轮架,两个滑轮固定在滑轮架上部,滑轮上有防脱绳装置。使用时架设在导轨架的顶部,施工升降机在安装或升节时要整体吊装或取下。其优点是套架结构加工简单,缺点是操作复杂。

(2) 开启式天轮架

开启式天轮架是把滑轮架的一端铰接在导轨架顶部的联系梁上,另一端为可开启的形式。当导轨架需要升降节时,天轮架在两个吊笼的支撑下打开联系梁,将标准节直接吊入天轮架内或吊下来,不需要将天轮架取下。其特点是套架结构加工比较复杂,但操作方便。

2. 对重

对重是对吊笼起平衡作用的重物。施工升降机的对重一般为长方形铸件或用钢材制作成箱形结构,在两端安装有导向滚轮和防脱轨装置，上端有绳耳与钢丝绳连接。通过钢丝绳的牵引，在导轨架的对重导轨内上下运行。

3. 对重钢丝绳

SC 型人货两用施工升降机悬挂对重的钢丝绳不得少于两根，且相互独立。每绳的安全系数不应小于 6，直径不应小于 9 mm。SC 型货用施工升降机悬挂对重的钢丝绳为单绳时，安全系数不应小于 8。

4. 对重系统安全技术要求

（1）当吊笼底部碰到缓冲弹簧时，对重上端离开天轮架的下端应有 500 mm 的安全距离。

（2）当吊笼上升到施工升降机上部碰上限位碰块后，吊笼停止运行时，吊笼的顶部与天轮架的下端应有 1.8 m 的安全距离。

（3）天轮架滑轮的名义直径与钢丝绳直径之比不应小于 30。

（4）滑轮应有防止钢丝绳脱槽装置，该装置与滑轮外缘的间隙不应大于钢丝绳直径的 20%，且不大于 3 mm。

（5）钢丝绳绳头应采用可靠的连接方式，绳接头的强度不低于钢丝绳强度的 80%。

（6）天轮架的结构和零部件应保持完整和完好。

（7）吊笼不能作为对重。

（8）对重两端的滑靴、导向滚轮和防脱轨保护装置应保持完整和完好。

（9）若对重使用填充物，应采取措施防止其窜动。

（10）对重应根据有关规定的要求涂成警告色。

（11）对重和钢丝绳的连接应符合相应规定。

（12）当悬挂使用两根或两根以上相互独立的钢丝绳时，应设置自动平衡钢丝绳张力装置。当单根钢丝绳过分拉长或破坏时，电气安全装置应停止吊笼的运行。

（13）为防止钢丝绳被腐蚀，应采用镀锌加以保护或涂抹适当的保护化合物。

(14) 钢丝绳应尽量避免反向弯曲的结构布置。需要储存预留钢丝绳时,所用接头或附件不应对以后投入使用的钢丝绳截面产生损伤。

(15) 多余钢丝绳应卷绕在卷筒上,其弯曲直径不应小于钢丝绳直径的 15 倍。

(16) 当过多的剩余钢丝绳储存在吊笼顶上时,应有限制吊笼超载的措施。

六、电缆防护装置

1. 电缆防护装置的组成和作用

电缆防护装置一般由电缆进线架、电缆导向架和电缆储筒(见图 3—10)组成。当施工升降机架设超过一定高度时应使用电缆滑车,如图 3—11 所示。电缆导向架是用以防止随行电缆缠

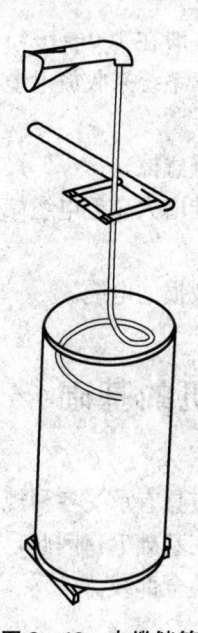

图 3—10 电缆储筒

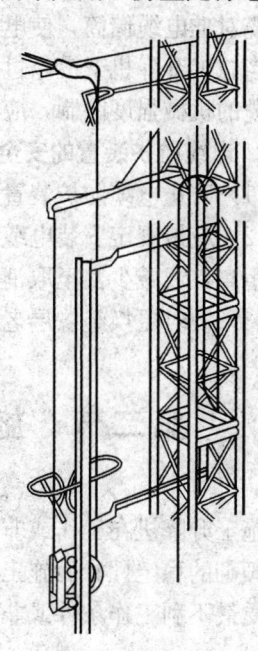

图 3—11 电缆滑车

挂并引导其准确进入电缆储筒的装置,是为了保护电缆而设置的。当施工升降机运行时使电缆始终置于电缆导向架的护圈之中,防止电缆与附近的设施或设备缠绕而发生危险。

电缆导向架设置的一般原则为:在电缆储筒口上方 1.5 m 处安装第一道导向架,第二道导向架安装在第一道导向架上方 3 m 处,第三道导向架安装在第二道导向架上方 4.5 m 处,第四道导向架安装在第三道导向架上方 6 m 处,以后每道安装间隔为 6 m。

电缆储筒是用来储放电缆的部件。当施工升降机向上运行时,吊笼带动电缆从电缆储筒内释放出来;当施工升降机向下运行时,电缆缓缓盘入电缆储筒内,防止电缆散落在地上造成损坏。

电缆进线架是引导电缆进入吊笼的装置,同时也是拖动电缆在上下运行时安全地通过电缆护圈的臂架。另外,电缆进线架能将电缆对准电缆储筒,使电缆安全地收放。

当施工升降机架设超过一定高度(一般在 100～150 m)时,受电缆的机械强度限制,应采用电缆滑车系统来收放电缆。

2. 电缆防护装置的安全技术要求

(1) 防止电缆防护装置与吊笼、对重碰擦。

(2) 应按规定安装电缆导向架,不准增大靠近电缆储筒口的安装距离,或减少甚至取消电缆导向架。

(3) 及时更换绝缘层老化、腐朽或破损的电缆。

第二节 施工升降机的基础

施工升降机在工作或非工作状态均应具有承受各种规定载荷而不倾翻的稳定性,而施工升降机设置在基础上,因此,基础应能承受最不利工作条件或非工作条件下的全部载荷。

一、基础的安全要求

(1) 基础周围应设置排水设施。
(2) 距基础周围 5 m 范围内不准开挖深沟。
(3) 在 30 m 范围内不得进行对基础有较大振动的施工。

二、基础的形式和构筑

1. 基础形式

如图 3—12 所示,施工升降机基础一般分为三种形式。

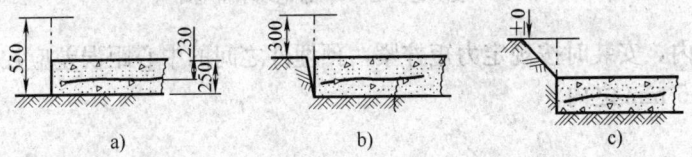

图 3—12　施工升降机基础形式示意图

(1) 基础上平面高于地面,不会积水,但上料门槛较高。
(2) 基础上平面与地面持平,不易积水,但上料门槛较低。
(3) 基础上平面低于地面,易积水,但可以不设上料门槛。

2. 基础的构筑

如图 3—13 所示,施工升降机的基础设置有两种类别。基础的构筑应根据使用说明书或工程施工要求进行选择或重新设计。基础一般由钢筋混凝土浇筑而成,厚度为 350 mm,内设双层钢筋网。钢筋网由 $\phi10 \sim \phi12$ mm 钢筋间隔 250 mm 组成,钢筋等级选用 HRB335;混凝土强度等级不低于 C30。

基础下土壤的承载力一般应大于 0.15 MPa。混凝土基础表面的平面度应控制在 ±5 mm 之内。混凝土基础在浇筑过程中,如果混凝土基础不是采用预留孔二次浇捣的,则应在基础内预埋底脚架和预埋螺栓,底脚架预埋时应把底脚架的螺钩绑扎在基础钢筋上,底脚架四个螺栓应在一个平面内,误差应控制在 1 mm

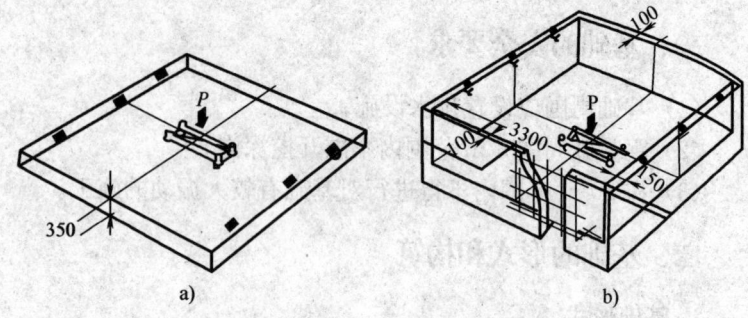

图 3—13 施工升降机的基础设置
a) 一般双笼基础　b) 带电缆小车基础

之内,安装时按规定力矩拧紧,预埋件之间的中心距误差应控制在 5 mm 之内。

第三节　施工升降机的驱动装置

一、齿轮齿条式施工升降机的驱动装置

1. 构造及工作原理

齿轮齿条式施工升降机的传动机构一般有外挂式和内置式两种,按传动机构的配制数量有二驱动和三驱动之分。

齿轮齿条式传动示意如图 3—14 所示,导轨架上固定的齿条和吊笼上的传动齿轮啮合在一起,传动机构通过电动机、减速器驱动传动齿轮转动,使吊笼做上升、下降运动。

为保证传动方式的安全有效,首先应确保传动齿轮和齿条的啮合。因此,在齿条的背面设置两套背轮,通过调节背轮使传动齿轮和齿条的啮合间隙符合要求。另外,在齿条的背面还设置了两个限位挡块,确保在紧急情况下传动齿轮不会脱离齿条。

图3—14 齿轮齿条式传动示意图

2. 电动机

施工升降机传动机构使用的电动机绝大多数使用 YZEJ-A132M-4 起重用盘式制动三相异步电动机。该电动机尾部设有直流制动装置,制动部位的电磁铁随制动片(制动盘)的磨损能自动补偿,无须人为调整制动间隙,具有噪声低,启动、制动平缓,冲击力小等特点。

(1)电动机工作条件

1)环境温度不超过40℃。

2)海拔不超过1 000 m。

3)环境空气相对湿度不超过85%。

(2)电动机主要技术参数

电动机主要技术参数见表3—2。

表3—2　　　　电动机主要技术参数

型号	额定电压(V)	额定频率(Hz)	负载持续率(%)	额定功率(kW)	额定转速(r/min)	额定电流(A)	制动器电压(V)	制动力矩(N·m)
YZEJ-A132M-4	380	50	连续	8.5	1 410	19	196	120
			40	11	1 390	23		
				16.5	1 410	37		
				18.5	1 396	41		

3. 电磁制动器

（1）构造

电磁制动器的制动部分是由保持制动电磁铁与衔铁间恒定间隙的具有跟踪调整功能的直流盘形制动器组成，如图3—15所示。

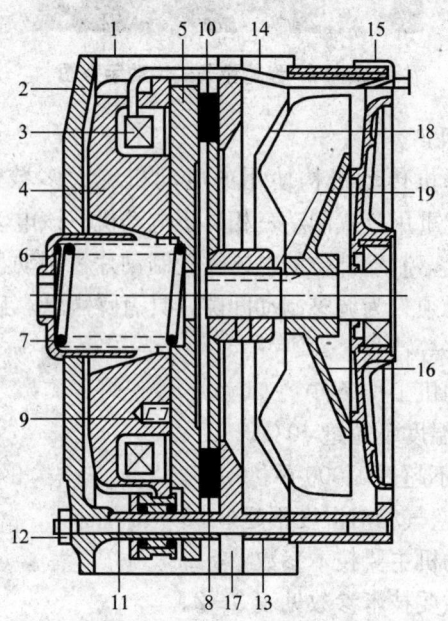

图3—15 电磁制动器结构示意图

1—电动机防护罩 2—端盖 3—磁铁线圈 4—磁铁架 5—衔铁 6—调整轴套
7—制动器弹簧 8—可转制动盘 9—压缩弹簧 10—制动垫片（制动块）
11—螺栓 12—螺母 13—套圈 14—线圈电线 15—电线夹
16—风扇 17—固定制动盘 18—风扇罩 19—键

（2）工作原理

在电动机未接通电源时，由于制动器弹簧7通过衔铁5压紧可转制动盘8带动制动垫片（制动块）10与固定制动盘17的作用,电动机处于制动状态。当电动机通电时,磁铁线圈3产生磁场,通过磁铁架4,衔铁5逐步吸合,可转制动盘8带动制动垫片10渐渐摆脱制动状态,电动机逐渐启动运转。电动机断电时,由于电磁铁磁场释放的制约作用,衔铁通过主辅弹簧的作用逐步增加对制动块的压力,使制动力矩逐步增大,达到电动机平缓制动的效果,减少升降机的冲击振动。

当制动盘与制动垫片磨损到一定程度时,必须更换,如图3—16所示。

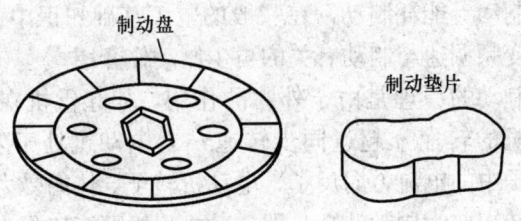

图3—16 制动盘与制动垫片

(3) 紧急下降操作

施工升降机如果出现失去动力或控制失效,在无法重新启动时,可进行手动紧急下降操作,如图3—17所示,使吊笼下滑到下一停靠点,乘员和司机可以安全离开吊笼。

图3—17 手动紧急下降操作

手动下降操作时，将电动机尾部制动电磁铁手动释放拉手（环）缓缓向外拉出，使吊笼慢慢地下降。吊笼下降时，不能超过安全器的标定动作速度，否则，会引起安全器动作，吊笼的最大紧急下降速度不应超过 0.63 m/s。每下降 20 m 距离后应停止 1 min，让制动器冷却后再行下降，以防止因过热而损坏制动器。手动下降必须由专业人员进行操作。

(4) 电动机的电气制动

电动机的电气制动可分为反接制动、能耗制动和再生制动。对于反接制动、能耗制动，在一般的电工基础知识中已有介绍，以下针对变频调速与制动有关的再生制动作介绍。

再生制动的原理是由于外力的作用，如起重机在下放重物时，电动机的转速 n 超过同步转速 n_1，电动机处于发电状态，电动机定子中的电流方向反了，电动机转子导体的受力方向也反了，驱动转矩变为制动转矩，即电动机将机械能转化为电能，向电网反馈输电，因此称为再生制动（发电制动）。这种制动只有当 $n > n_1$ 时才能实现。

再生制动的特点不是把转速下降到零，而是使转速受到限制，因此，不仅不需要任何设备装置，还能向电网输电，经济性较好。

4. 电动机与电磁制动器的安装要求

(1) 安装前制动器应单独通电，先将电压降至 150 V，检查吸合和释放是否正常，有无卡住和异常响声，四角吸合和释放是否一致。吸合后用塞尺检查衔铁与制动块间的间隙，一般在 0.5~0.7 mm。

(2) 电动机与减速器安装时，必须保证减速器和联轴器的安装形式、尺寸符合装配要求：

1) 两个轴必须在同一轴线上。

2) 减速器联轴器和电动机联轴器相对端面间隙为 3~5 mm。

3) 联轴器与电动机安装时，严禁敲击过猛，防止损坏电动机后端盖。

5. 电动机与制动器的安全技术要求

(1) 启用新电动机或长期不用的电动机时,需要用 500 V 兆欧表测量电动机绕组间的绝缘电阻,其绝缘电阻应不低于 0.5 MΩ,否则,应做干燥处理后方可使用。

(2) 电动机在额定电压偏差±5%的情况下,直流制动器在直流电压偏差±15%的情况下,仍然能保证电动机和直流制动器正常运转和工作。当电压偏差大于额定电压±10%时,应停止使用。

(3) 施工升降机不得在正常运行中突然进行反向运行。

(4) 在使用中,当发现振动、过热、焦味、异常响声等反常现象时,应立即切断电源,排除故障后才能使用。

(5) 当制动器的制动盘摩擦材料单面厚度磨损到接近 1 mm 时,必须更换制动盘。

(6) 电动机在额定载荷运行时,若制动力矩太大或太小,应进行调整。

6. 蜗轮减速器

(1) 蜗轮减速器的组成

蜗轮减速器主要由蜗杆、蜗轮以及箱壳、输出轴、轴承、密封件等零件组成。蜗杆一般由合金钢制成,蜗轮一般由铜合金制成,如图 3—18 所示。

蜗轮副的失效形式主要是胶合,所以在使用中蜗轮减速箱内要按规定保持一定量的油液,要防止缺油和发热。

(2) 减速器的润滑

新出厂的蜗轮减速器应防止减速器漏油,运行一定时间后,按说明书要求更换润滑油。减速器的油液,一般使用 N320 蜗轮油,其运动黏度范围 40℃时为 288～352 m²/s,或按说明书要求使用规定的油液,不得随意使用其他油液。

使用中,减速器的油液温升不得超过 60℃,否则,会造成

图 3—18 蜗轮减速器

油液的黏度急剧下降,使减速器产生漏油和蜗轮、蜗杆啮合时不能很好地形成油膜,造成胶合,长时间会使蜗轮副失效。

7. 齿轮与齿条

提升齿轮副是 SC 型施工升降机的主要驱动机构。齿轮安装在蜗轮减速器的输出端轴上,齿条则安装在导轨架的标准节上。其安装使用要求如下:

(1) 标准节上的齿条应连接牢固,相邻标准节的两齿条在对接处,沿齿高方向的阶差不大于 0.3 mm;沿长度方向的齿距偏差不大于 0.6 mm。

(2) 齿轮与齿条啮合时的接触长度,沿齿高不小于 40%;沿齿长不小于 50%,齿面侧间隙应为 0.2~0.5 mm,如图 3—19 所示。

(3) 由于提升齿轮副的安装载体不同,当啮合传动时,啮合力分解出的径向力将使齿轮副分离,将造成吊笼失去悬挂状态。因此,在齿条的背面应设置一对背轮,背轮沿齿条背面滚动,当需要调整提升齿轮副的啮合间隙时,仅需将背轮的偏心轴回转某一角度即可。

(4) 齿条和所有驱动齿轮、防坠安全器齿轮应正确啮合。齿条节线和与其平行的齿轮节圆切线重合或距离不超出模数的 1/3;

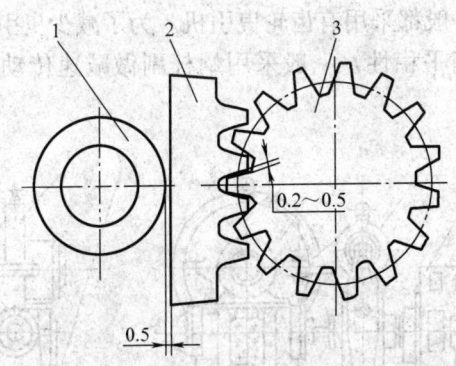

图3—19 齿轮、齿条和背轮装配示意图
1—背轮 2—齿条 3—齿轮

当措施失效时,应进一步采取其他措施,保证其距离不超出模数的2/3。

(5) 应采取措施防止异物进入驱动齿轮和防坠安全器齿轮的啮合区间。

二、钢丝绳式施工升降机的驱动装置

钢丝绳式施工升降机驱动机构一般采用卷扬机或曳引机。货用施工升降机通常采用卷扬机驱动,人货两用施工升降机通常采用曳引机驱动,其提升速度不大于 $0.63\ m/s$,也可采用卷扬机驱动。

1. 卷扬机

卷扬机具有结构简单、成本低廉的特点。但与曳引机相比,卷扬机很难实现多根钢丝绳独立牵引,且容易发生乱绳、脱绳和挤压等现象,其安全可靠性较低,因此多用于货用施工升降机。

2. 曳引机

(1) 曳引机的构造及工作原理

曳引机主要由电动机、减速机、制动器、联轴器、曳引轮、机架等组成。曳引机可分为无齿轮曳引机和有齿轮曳引机两种。

施工升降机一般都采用有齿轮曳引机。为了减少曳引机在运动时的噪声和提高平稳性，一般采用蜗杆副做减速传动装置，如图3—20所示。

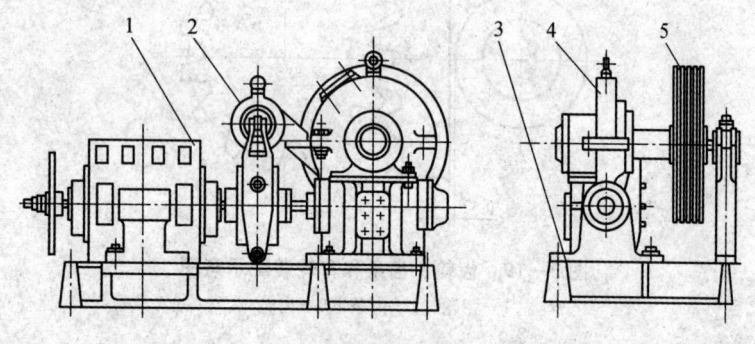

图3—20 曳引机外形
1—电动机 2—制动器、联轴器 3—机架 4—减速器 5—曳引轮

曳引机驱动施工升降机是利用钢丝绳在曳引轮绳槽中的摩擦力来带动吊笼升降。曳引机的摩擦力是由钢丝绳压紧在曳引轮绳槽中而产生，压力越大摩擦力越大；曳引力大小还与钢丝绳在曳引轮上的包角有关系，包角越大，摩擦力也越大，因而施工升降机必须设置对重。

(2) 曳引机的特点

1) 一般为4～5根钢丝绳独立并行曳引，因而同时发生钢丝绳断裂造成吊笼坠落的概率很小。但钢丝绳的受力调整比较麻烦，钢丝绳的磨损比卷扬机大。

2) 对重着地时，钢丝绳将在曳引轮上打滑，即使在上限位安全开关失效的情况下，吊笼一般也不会发生冲顶事故，但吊笼不能提升。

3) 钢丝绳在曳引轮上始终是绷紧的，因此不会脱绳。

4) 吊笼的部分重量由对重平衡，可以选择较小功率的曳引机。

3. 驱动装置的安全技术要求

(1) 卷扬机和曳引机在正常工作时，其机外噪声不应大于85 dB (A)，操作者耳边噪声不应大于88 dB (A)。

(2) 卷扬机驱动仅允许使用于钢丝绳式无对重的货用施工升降机、吊笼额定提升速度不大于0.63 m/s的人货两用施工升降机。

(3) 人货两用施工升降机驱动吊笼的钢丝绳不应少于两根，且为相互独立的。钢丝绳的安全系数不应小于12，钢丝绳直径不应小于9 mm。

(4) 货用施工升降机驱动吊笼的钢丝绳允许用一根，其安全系数不应小于8；额定载重量不大于320 kg的施工升降机，钢丝绳直径不应小于6 mm；额定载重量大于320 kg的施工升降机，钢丝绳直径不应小于8 mm。

(5) 人货两用施工升降机采用卷筒驱动时钢丝绳只允许绕一层，若使用自动绕绳系统，允许绕两层；货用施工升降机采用卷筒驱动时，允许绕多层，多层缠绕时，应有排绳措施。

(6) 当吊笼停止在最低位置时，留在卷筒上的钢丝绳不应少于三圈。

(7) 卷筒两侧边缘大于最外层钢丝绳的高度不应小于钢丝绳直径的两倍。

(8) 曳引机驱动施工升降机，当吊笼或对重停止在被其重量压缩的缓冲器上时，提升钢丝绳不应松弛。当吊笼超载25%并以额定提升速度上、下运行和制动时，钢丝绳在曳引轮绳槽内不应产生滑动。

(9) 人货两用施工升降机的驱动卷筒应开槽，卷筒绳槽应符合下列要求：

1) 绳槽轮廓应为大于120°的弧形，槽底半径 R 与钢丝绳半径 r 的关系应为：$1.05r \leqslant R \leqslant 1.075r$。

2) 绳槽的深度不小于钢丝绳直径的1/3。

3) 绳槽的节距应大于或等于 1.15 倍钢丝绳直径。

(10) 人货两用施工升降机的驱动卷筒节径与钢丝绳直径之比不应小于 30。对于 V 形或底部切槽的钢丝绳曳引轮，其节径与钢丝绳直径之比不应小于 31。

(11) 货用施工升降机的驱动卷筒节径、曳引轮节径、滑轮直径与钢丝绳直径之比均不应小于 20。

(12) 制动器应是常闭式，其额定制动力矩，对人货两用施工升降机，不低于作业时的额定制动力矩的 1.75 倍；对货用升降机，不低于作业时的额定制动力矩的 1.5 倍。不允许使用带式制动器。

(13) 人货两用施工升降机钢丝绳在驱动卷筒上的绳端应采用楔形装置固定，货用施工升降机钢丝绳在驱动卷筒上的绳端可采用压板固定。

(14) 卷筒或曳引轮应有钢丝绳防脱装置，该装置与卷筒或曳引轮外缘的间隙不应大于钢丝绳直径的 20%，且不大于 3 mm。

第四节　施工升降机的安全装置

一、齿轮齿条式施工升降机的安全装置

齿轮齿条式施工升降机的安全装置主要有防坠安全器、安全钩、安全开关、缓冲装置和超载保护装置等。

(1) 防坠安全器

防坠安全器按制动特点分为渐进式安全器、瞬时式安全器两种类型。

(2) 安全开关

安全开关是施工升降机中使用比较多的一种安全防护开关，主要包括电气安全开关和机械联锁开关。

1) 电气安全开关，主要包括上下限位开关、极限开关、减速开关、防松绳开关、各类门安全开关等。

2) 机械联锁开关，主要包括围栏门、吊笼门机械联锁开关。

二、钢丝绳式施工升降机的安全装置

钢丝绳式施工升降机的安全装置主要包括防坠安全装置、安全钩、安全开关、缓冲装置和超载保护装置等。

人货两用施工升降机使用的防坠安全装置兼有防坠和限速双重功能；货用施工升降机使用的防坠安全装置由断绳保护装置和停层防坠落装置两部分组成。

第五节 电气系统

电气系统是施工升降机的控制系统，升降机的所有动作都是由电气系统来控制的。

一、齿轮齿条式施工升降机的电气系统

1. 电气系统的组成

电气系统主要分为主电路、主控制电路和辅助电路。图3—21所示为双驱施工升降机电气原理图，其电器符号、名称见表3—3。

(1) 主电路主要由电动机、断路器、热继电器、电磁制动器和相序断相保护器等电气元件组成。

(2) 主控制电路主要由断路器、按钮、交流接触器、控制变压器、安全开关、急停按钮和照明灯等电气元件组成。

(3) 辅助电路一般有加节、坠落试验和吊杆等控制电路。

1) 加节控制电路由插座、按钮和操纵盒等电气元件组成。

2) 坠落试验控制电路由插座、按钮和操纵盒等电气元件

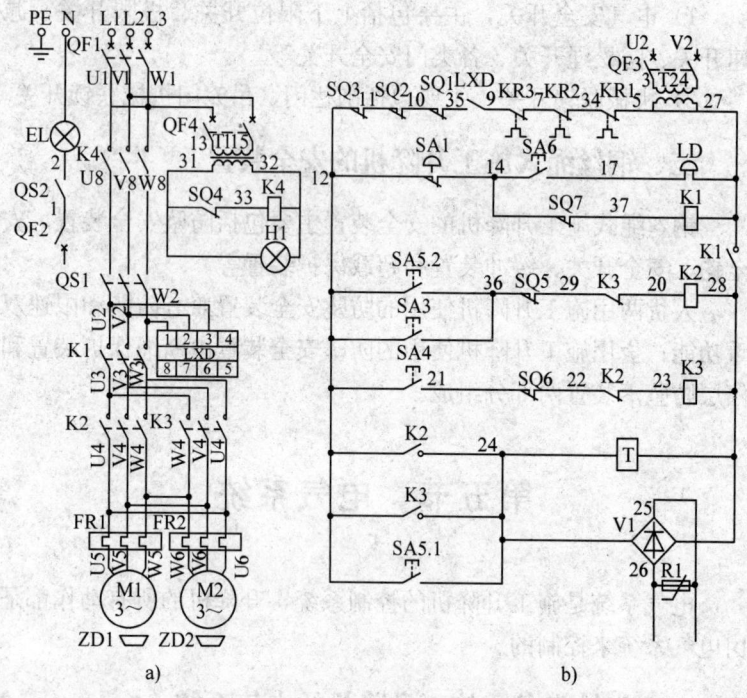

图 3—21 双驱施工升降机电气原理图
a) 主电路　b) 主控制电路

组成。

3) 吊杆控制电路主要由插座、熔断器、按钮、吊杆操纵盒和盘式电动机等电气元件组成。

表 3—3　　　施工升降机电器符号、名称

序号	符号	名称	备注
1	QF1	低压断路器	
2	QS1	三相极限开关	
3	LD	电铃	～220 V
4	JXD	相序和断相保护器	

续表

序号	符号	名称	备注
5	QF2	断路器	
6	QF3、QF4	断路器	
7	FR1、FR2	热继电器	
8	M1、M2	电动机	
9	ZD1、ZD2	电磁制动器	
10	QS2	按钮	灯开关
11	V1	整流桥	
12	R1	压敏电阻	
13	SA1	急停按钮	
14	SA3	按钮	上升按钮
15	SA4	按钮	下降按钮
16	SA5	按钮盒	坠落试验
17	SA6	电铃按钮	
18	H1	信号灯	~220 V
19	SQ1	安全开关	吊笼门
20	SQ2	安全开关	吊笼门
21	SQ3	安全开关	天窗门
22	SQ4	安全开关	防护围栏门
23	SQ5	安全开关	上限位
24	SQ6	安全开关	下限位
25	SQ7	安全开关	安全器
26	EL	防潮吸顶灯	~220 V
27	K1、K2、K3、K4	交流接触器	~220 V
28	T1	控制变压器	380 V/220 V
29	T2	控制变压器	380 V/220 V

2. 电气系统控制元件的功能

(1) 施工升降机采用 380 V、50 Hz 三相交流电源，由工地配备施工升降机专用电箱，接入电源到施工升降机开关箱，L1、L2、L3 为三相电源，N 为零线，PE 为接地线。

(2) EL 为 220 V 防潮吸顶灯，由 QF2 高分断小型断路器和 QS2 灯开关控制，如图 3—21a 所示。

(3) QF1 为电路总开关。K4 为总电源交流接触器常开触点，其控制电路通过 QF4 高分断小型断路器、T1 控制变压器 (380 V/220 V)、SQ4 围栏门限位开关、H1 信号灯及 K4 组成，当施工升降机围栏门打开后，SQ4 断开，K4 失电，接触器触点断开动力电源和控制电源，施工升降机不能启动或停止运行，如图 3—21a 所示。

(4) QS1 为极限开关，当施工升降机运行时越程，并触动极限开关时，QS1 动作，切断动力电源和控制电源，施工升降机不能启动或停止运行，如图 3—21a 所示。

(5) JXD 为相序和断相保护器，当电源发生断、错相时，JXD 就切断控制电路，施工升降机不能启动或停止运行，如图 3—21b 所示。

(6) K1 为主电源交流接触器常开触点，K2 和 K3 为上下行交流接触器常开触点，FR1、FR2 为热继电器，当电动机 M1、M2 过热时，FR1、FR2 触点断开控制电路，施工升降机不能启动或停止运行，如图 3—21a 所示。

(7) 由 T2 控制变压器 (380 V/220 V) 及电气元件组成吊笼门和天窗安全控制电路，SQ1、SQ2、SQ3 分别为吊笼门和天窗限位安全开关，当上述门打开时，控制电路失电，施工升降机不能启动或停止运行，如图 3—21b 所示。

(8) SA6 为电铃按钮，LD 为电铃。SA1 为急停开关，SQ7 为安全器开关，当上述两开关动作时，K1 失电，K1 主触点断开动力电路，K1 辅助触点断开控制电路，施工升降机不能启动或停止运行，如图 3—21b 所示。

(9) SA3 为上升按钮，SA5.2 为吊笼坠落试验前施工升降机上升按钮，SA4 为下降按钮，SQ5 和 SQ6 分别为吊笼上限位和下限位安全开关，T 为计时器，如图 3—21b 所示。

(10) SA5.1 为吊笼坠落试验按钮，当 SA5.1 按钮接通后，通过 V1 整流桥使制动器 ZD1、ZD2 得电松闸，吊笼自由下落，如图 3—21b 所示。

二、钢丝绳式施工升降机的电气系统

(1) 钢丝绳式施工升降机采用 380 V、50 Hz 三相交流电源。由工地配备专用电箱，接入电源到施工升降机开关箱，L1、L2、L3 为三相电源，N 为零线，PE 为接地线。

(2) 电路总开关采用具有漏电、过载、短路保护功能的漏电断路器。

(3) 采用断相与错相保护继电器，当电源发生断、错相时，就切断控制电路，施工升降机不能启动或停止运行。

(4) 采用热继电器，当电动机发热超过一定温度时，热继电器就及时分断主电路，电动机失电停止转动。

(5) 合上电源断路器，上行控制：按上行按钮，电动机启动升降机上行。

(6) 停止时：按下停止按钮，整个控制电路失电，主触头分断，主电动机失电停止转动。

(7) 失压保护：电路若中途发生停电失压，恢复来电时不会自动工作，只有当重新按压上升按钮，电动机才会工作。

三、变频调速施工升降机的电气系统

1. 变频器调速的工作原理

三相交流异步电动机变频调速原理是通过改变电动机电源的频率来进行调速的。变频调速有恒磁通调速、恒电流调速和恒功率调速三种调速方法。恒磁通调速又称恒转矩调速，是将转速向额定转速以下调节，应用最广。恒电流调速时，过载能力较小，用于负载容量小且变化不大的场合。恒功率调速用于调节转速要高于额定转速，而电源电压又不能提高的场合。

变频调速具有质量轻、体积小、惯性小、效率高等优点。

2. 变频器的一般安全使用要点

变频器在工作中会产生高温、高压和高频电波，使用中不论升降机制造单位还是维修人员，原则上必须按说明书严格做好防护措施。

（1）变频器在电控箱中的安装与周围设备必须保持一定距离，以利于通风散热，一般上下和背部应留有足够间隙。

（2）外接电阻箱会产生高温，一般应当与电控箱分开安装，运行中不要轻易用手去触摸它的外壳，防止烫伤。

（3）变频器在运行中，在电容器放电信号灯未熄灭时，切勿打开变频器外罩和接触接线端子，防止电击伤人。

（4）变频器接地必须正确、可靠，有条件的设置专用接地装置。

（5）为防止电磁感应产生冲击干扰，电路中感性线圈荷载，如继电器线圈等，应在发生源两端连接冲击吸收器，如图3—22所示。

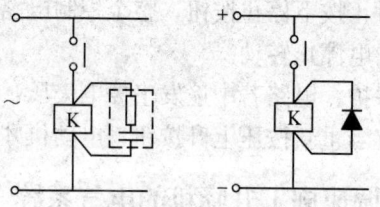

图3—22 线圈加接冲击吸收器示意图

（6）如发生变频器对其他设备信号、控制线干扰时，可根据说明书要求采取措施或对变频器输出电路进行电磁屏蔽，以减少干扰影响,如图 3—23 所示。

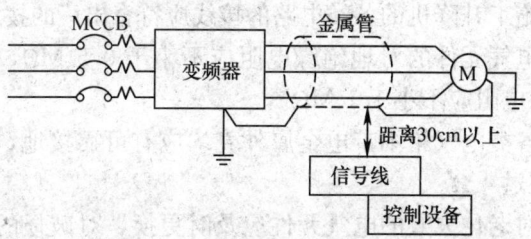

图 3—23 电磁屏蔽抗干扰示意图

四、电气箱

(1) 电气控制箱是施工升降机电气系统的心脏部分,内部主要安装有上下运行交流接触器、热继电器以及相序和断相保护器等。控制箱安装在吊笼内部,如图 3—24 所示。

(2) 操纵台是操纵施工升降机运行的部分,它主要由电锁、万能转换开关、急停按钮、加节按钮、电铃按钮、指示灯等组成,一般也安装在吊笼内部。图 3—25 所示为两种形式的电气控制操纵台。

图 3—24 电气控制箱

a)
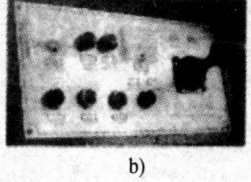
b)

图 3—25 电气控制操纵台

(3) 电源箱是施工升降机的电源供给部分,主要由低压断路器、熔断器等组成。

(4) 电气箱的安全技术要求:
1) 施工升降机的各类电路的接线应符合出厂的技术规定。
2) 电气元件的对地绝缘电阻应不小于 0.5 MΩ, 电气线路对地绝缘电阻应不小于 1 MΩ。
3) 各类电气箱不带电金属外壳均应有可靠接地, 其接地电阻应不超过 4 Ω。
4) 对老化失效的电气元件应及时更换, 对破损的电缆和导线应予以包扎或更新。
5) 各类电气箱应完整和完好, 保持清洁和干燥, 内部严禁堆放杂物等。

第四章

施工升降机的安全装置

第一节 电气安全开关

电气安全开关是施工升降机中使用比较多的一种安全防护开关。当施工升降机没有满足运行条件或在运行中出现不安全状况时,电气安全开关动作,施工升降机不能启动或自动停止运行。

一、电气安全开关的种类

施工升降机的电气安全开关大致可分为行程安全控制和安全装置联锁控制两大类。

1. 行程安全控制开关

行程安全控制开关是指当施工升降机的吊笼超越了允许运动的范围时能自动停止吊笼运行的开关,主要有上、下行程限位开关,减速开关和极限开关。

(1) 上、下行程限位开关

上、下行程限位开关安装在吊笼安全器底板上,当吊笼运行至上、下限位位置时,限位开关与导轨架上的限位碰块碰触,吊笼停止运行,当吊笼反方向运行时,限位开关自动复位。

(2) 减速开关

变频调速施工升降机必须设置减速开关,当吊笼下降时在触发下限位行程开关前,应先触发减速开关,使变频器切断加速电路,以避免吊笼下降时冲击底座。

(3) 极限开关

施工升降机必须设置极限开关,当吊笼在运行时如果上、下限位开关出现失效,超出限位碰块并越程后,极限开关须切断总电源使吊笼停止运行。极限开关应为非自动复位型的开关,在其动作后必须手动复位才能使吊笼重新启动。在正常工作状态下,下极限开关碰块的安装位置,应保证吊笼碰到缓冲器之前极限开关首先动作。

2. 安全装置联锁控制开关

当施工升降机出现不安全状态,触发安全装置动作后,能及时切断电源或控制电路,使电动机停止运转。该类电气安全开关主要有防松绳开关和防坠安全器安全开关两种。

(1) 防松绳开关

1) 施工升降机的对重钢丝绳绳数为两条时,钢丝绳组与吊笼连接的一端应设置张力均衡装置,并装有由相对伸长量控制的非自动复位型的防松绳开关。当其中一条钢丝绳出现的相对伸长量超过允许值或断绳时,该开关将切断控制电路,同时制动器制动,使吊笼停止运行。

2) 对重钢丝绳采用单根时,也应设置防松(断)绳开关,当施工升降机出现松绳或断绳时,该开关应立即切断电动机控制电路,同时制动器制动,使吊笼停止运行。

(2) 防坠安全器安全开关

防坠安全器动作时,设在安全器上的安全开关能立即将电动机的电路断开,制动器制动。

二、安全技术要求

(1) 电气安全开关必须安装牢固,不能松动。

(2) 电气安全开关应完整和完好,紧固螺栓应齐全,不能缺少或松动。

(3) 电气安全开关的臂杆不能弯曲变形,以防止安全开关失效。

(4) 每班都要检查极限开关的有效性,防止极限开关失效。

(5) 严禁用触发上、下限位开关的做法来作为吊笼在最高层站和地面站停站的操作。

第二节 机械门锁

施工升降机的吊笼门、顶盖门、地面防护围栏门都装有机械电气联锁装置。各个门未关闭或关闭不严,电气安全开关将不能闭合,吊笼不能启动工作;吊笼运行中,门一旦被打开,吊笼的控制电路也将被切断,吊笼停止运行。

一、围栏门的机械联锁装置

围栏门应装有机械联锁装置,使吊笼只有位于地面规定的位置时围栏门才能开启,且在门开启后吊笼不能启动,从而防止在吊笼离开基础平台后,人员误入基础平台造成事故。

如图 4—1 所示,围栏门的机械联锁装置由机械锁钩 1、压

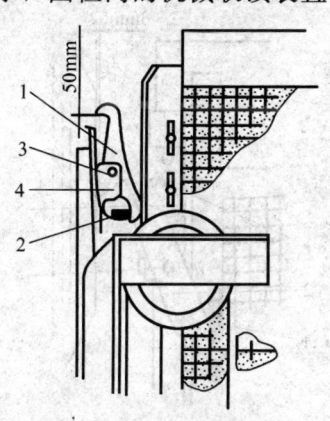

图 4—1 机械联锁装置
1—机械锁钩 2—压簧 3—销轴 4—支座

簧2、销轴3、支座4组成。整个装置由支座4安装在围栏门框上。当吊笼停靠在基础平台上时，吊笼上的开门挡板压着机械锁钩的尾部，机械锁钩就离开围栏门，此时围栏门才能打开，而当围栏打开时，电气安全开关作用，吊笼就不能启动。当吊笼运行离开基础平台时，机械锁在压簧2的作用下，机械锁钩扣住围栏门，围栏门就不能打开；如强行打开围栏门时，吊笼就会立即停止运行。

二、吊笼门的机械联锁装置

吊笼设有进料门和出料门，进料门一般为单门，出料门一般为双门，进出门均设有机械联锁装置，当吊笼位于地面规定的位置和停层位置时，吊笼门才能开启。进出门完全关闭后，吊笼才能启动运行。

如图4—2所示，吊笼进料门机械联锁装置由门上的挡块1、门框上的机械锁钩2、压簧3、销轴4和支座5组成。当吊笼下降到地面时，施工升降机围栏上的开门压板压着机械锁钩的尾部，同时机械锁钩就离开门上的挡块，此时门才能开启。当门关

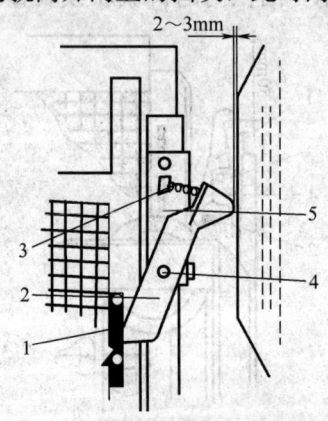

图4—2 吊笼进料门的机械联锁装置
1—挡块 2—机械锁钩 3—压簧 4—销轴 5—支座

闭吊笼离地后，吊笼门框上的机械锁钩在压簧的作用下嵌入门上的挡块缺口内，吊笼门被锁住。吊笼出料门的机械联锁装置构造如图4—3所示。

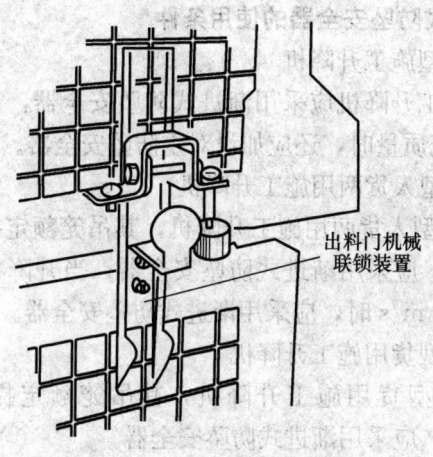

图4—3 吊笼出料门的机械联锁装置

第三节 防坠安全器

一、防坠安全器的分类

防坠安全器是非电气、气动和手动控制的防止吊笼或对重坠落的机械式安全保护装置。它是一种非人为控制的，当吊笼或对重一旦出现失速、坠落情况时，能在设置的距离、速度内使吊笼安全停止的安全装置。

防坠安全器按其制动特点可分为渐进式和瞬时式两种形式。

二、渐进式防坠安全器

渐进式防坠安全器的全称为齿轮锥鼓形渐进式防坠安全器，

简称安全器。它是一种初始制动力或力矩可调,制动过程中制动力或力矩逐渐增大的防坠安全器。其特点是制动距离较长,制动平稳,冲击小。

1. 渐进式防坠安全器的使用条件

(1) SC 型施工升降机

SC 型施工升降机应采用渐进式防坠安全器,当升降机对重质量大于吊笼质量时,还应加设对重防坠安全器。

(2) SS 型人货两用施工升降机

对于 SS 型人货两用施工升降机,其吊笼额定提升速度大于 0.63 m/s 时,应采用渐进式防坠安全器;当升降机对重额定提升速度大于 1 m/s 时,应采用渐进式防坠安全器。

(3) SS 型货用施工升降机

对于 SS 型货用施工升降机,其吊笼额定提升速度大于 0.85 m/s 时,应采用渐进式防坠安全器。

2. 渐进式防坠安全器的构造

渐进式防坠安全器主要由齿轮、离心式限速装置、锥鼓形制动装置等组成。离心式限速装置主要由离心块座、离心块、调速弹簧、螺杆等组成;锥鼓形制动装置主要由壳体、摩擦片、外锥体加力螺母、碟形弹簧等组成。安全器结构如图 4—4 所示。

3. 渐进式防坠安全器的工作原理

防坠安全器安装在施工升降机吊笼的传动底板上,一端的齿轮啮合在导轨架的齿条上,当吊笼正常运行时,齿轮轴带动离心块座、离心块、调速弹簧和螺杆等组件一起转动,防坠安全器也就不会动作。当吊笼瞬时超速下降或坠落时,离心块在离心力的作用下,压缩调速弹簧并向外甩出,其三角形的头部卡住外锥体的凸台,然后就带动外锥体一起转动。此时外锥体尾部的外螺纹在加力螺母内转动,由于加力螺母被固定住,外锥体只能向后方移动,这样使外锥体的外锥面紧紧地压向胶合在壳体上的摩擦片,当阻力达到一定值时就使吊笼制动停止。

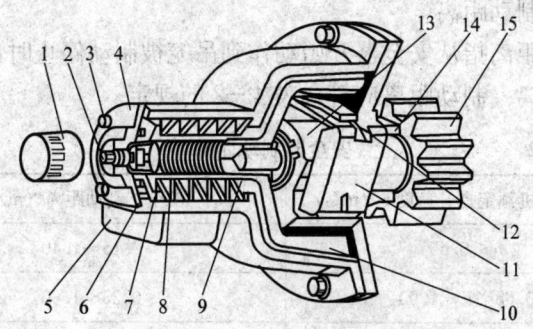

图 4—4　防坠安全器的结构
1—罩盖　2—浮螺钉　3—螺钉　4—后盖　5—开关罩　6—螺母
7—防转开关压臂　8—碟形弹簧　9—轴套　10—旋转制动毂　11—离心块
12—调速弹簧　13—离心座　14—轴套　15—齿轮

4. 渐进式防坠安全器的主要技术参数

（1）额定制动载荷

额定制动载荷是指安全器可有效制动停止的最大荷载，目前标准规定为 20 kN、30 kN、40 kN、60 kN 4 种。SC100/100 型和 SCD200/200 型施工升降机上配备的安全器的额定制动载荷一般为 30 kN；SC200/200 型施工升降机上配备的防坠安全器的额定制动载荷一般为 40 kN。

（2）标定动作速度

标定动作速度是指按所要限定的防护目标运行速度而调定的安全器开始动作时的速度。具体见表 4—1 的规定。

表 4—1　安全器标定动作速度

施工升降机额定提升速度 v（m/s）	安全器标定动作速度 v_1（m/s）
$v \leqslant 0.60$	$v_1 \leqslant 1.00$
$0.65 < v \leqslant 1.33$	$v_1 \leqslant v + 0.40$
$v > 1.33$	$v_1 \leqslant 1.3v$

(3) 制动距离

制动距离指从安全器开始动作到吊笼被制动停止时，吊笼所移动的距离。制动距离应符合表4—2的规定。

表4—2　　　　　　　安全器制动距离

施工升降机额定提升速度 v（m/s）	安全器制动距离（m）
$v \leqslant 0.65$	0.15～1.40
$0.65 < v \leqslant 1.00$	0.25～1.60
$1.00 < v \leqslant 1.33$	0.35～1.80
$v > 1.33$	0.55～2.00

三、瞬时式防坠安全装置

瞬时式防坠安全装置是初始制动力或力矩不可调，瞬间即可将吊笼或对重制停的防坠安全装置。其特点是制动距离较短，制动不平稳，冲击力大。

1. 瞬时式防坠安全装置的使用条件

（1）对于SS型人货两用施工升降机，每个吊笼应设置兼有防坠和限速双重功能的防坠安全装置，当吊笼超速下行，或其悬挂装置断裂时，该装置应能将吊笼制停并保持静止状态。

（2）SS型人货两用施工升降机吊笼额定提升速度小于或等于0.63 m/s时，可采用瞬时式防坠安全装置；当其对重额定提升速度小于或等于1 m/s时，可采用瞬时式防坠安全装置。

（3）SS型货用施工升降机可采用断绳保护装置和停层防坠落装置两部分组成的防坠安全装置。当吊笼提升钢丝绳松绳或断绳时，该装置应能制停带有额定载重量的吊笼，且不造成结构严重损坏。对于额定提升速度小于或等于0.85 m/s的施工升降机，可采用瞬时式防坠安全装置。

2. SS 型人货两用施工升降机的瞬时式防坠安全装置

SS 型人货两用施工升降机使用的瞬时式防坠安全装置一般由限速装置和断绳保护装置两部分组成。瞬时式防坠安全装置允许借助悬挂装置的断裂或借助一根安全绳来动作。

（1）限速装置

限速装置主要用于钢丝绳式施工升降机上，与断绳保护装置配合使用。其工作原理如图 4—5 所示，在外壳上固定悬臂轴 6，限速钢丝绳通过槽轮装在悬臂轴上。槽轮有两个不同直径的沟槽，大直径的用于正常工作，小直径的用来检查限速器动作是否灵敏。固定在槽轮上的销轴 5 上装有离心块 1，两离心块之间用

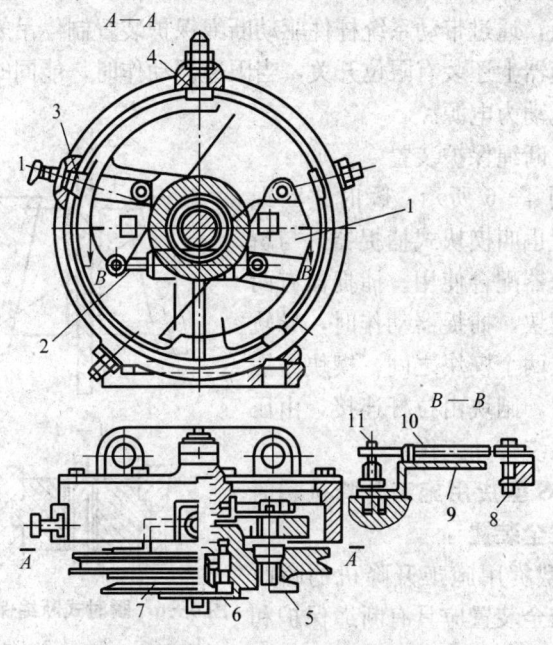

图 4—5　限速装置工作原理

1—离心块　2—拉杆　3—挡块　4—固定挡块　5—销轴　6—悬臂轴
7—槽轮　8、11—销　9—支架　10—预紧弹簧

拉杆 2 铰接，以保证两离心块同步运动。通过调节拉杆 2 的长度可改变销 8 和销 11 之间的距离，在装离心块一侧的槽轮表面上固定有支架 9，在支撑端部与拉杆螺母之间装有预紧弹簧 10。由于拉杆连接离心块，弹簧力迫使离心块靠近槽轮旋转中心，固定挡块 4 凸出在外壳内圆柱表面上。当槽轮在与吊笼上的断绳保护装置带动系统杆件连接的限速钢丝绳带动下，以额定速度旋转时，离心块产生的离心力还不足以克服弹簧张力，限速装置随同正常运行的吊笼旋转；当提升钢丝绳拉断或松脱，吊笼以超过正常的运行速度坠落时，限速钢丝绳带动限速器槽轮超速旋转，离心块在较大的离心力作用下张开，并抵在固定挡块 4 上，停止槽轮转动。当吊笼继续坠落时，停转的限速器槽轮靠摩擦力拉紧限速钢丝绳，通过带动系统杆件驱动断绳保护装置制停吊笼。在瞬时式限速器上还装有限位开关，当限速器动作时，能同时切断施工升降机动力电源。

（2）断绳保护装置

如图 4—6 所示，瞬时式断绳保护装置也叫楔块式捕捉器，与瞬时式限速器配合使用。捕捉器有两对夹持楔块，捕捉器动作时，导轨被夹紧在两个楔块之间，楔块镶嵌在闸块上，闸块由拉杆连接，由压簧激发系统带动工作。

3. SS 型货用施工升降机瞬时式防坠安全装置

SS 型货用施工升降机的瞬时式防坠安全装置应具有断绳保护和停层防坠落功能。在吊笼停层后，人员出入吊笼之前，停层防坠落装置应动作，使吊笼的下降操作无效，即使此时发生吊笼提升钢丝绳断绳，吊笼也不会坠落。

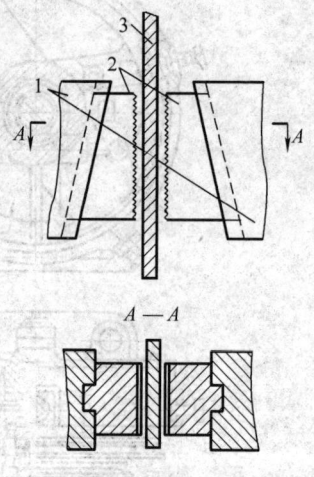

图 4—6 瞬时式断绳保护装置
1—楔块 2—闸块 3—导轨

(1) 防坠安全装置的构造

图 4—7 所示为具有断绳保护和停层防坠落功能的组合式安全器。其构造由主动杆、从动杆、下连杆、轮轴、偏心轮、拉杆、横连杆、连杆、弹簧等组成。

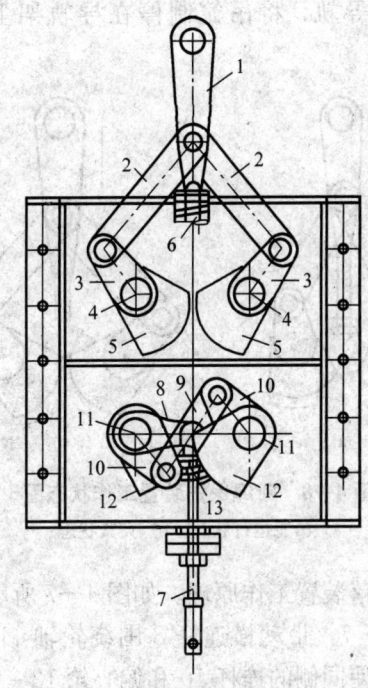

图 4—7　防坠安全装置结构示意图

1—主动杆　2—从动杆　3—下连杆　4、11—轮轴

5、12—偏心轮　6、13—弹簧　7—拉杆

8—横连杆　9、10—连杆

(2) 防坠安全装置工作原理

1) 断绳保护装置工作原理。如图 4—7 所示，当卷扬机启动拉紧钢丝绳时，连接在起重钢丝绳上的主动杆 1 向上拉起，同时拉动从动杆 2 向上运动，压缩弹簧 6 和从动杆 2 带动下连杆 3 围

绕轮轴 4 向中间转动，再由轮轴 4 带动偏心轮 5，向外侧转动离开导轨，此时吊笼可以运行，如图 4—8a 所示。而当钢丝绳松弛或断绳时，主动杆 1 在弹簧 6 的作用下，克服阻力向下移动，推动从动杆 2 使下连杆 3 围绕轮轴 4 向外侧转动，同时带动偏心轮向中间转动夹紧导轨，将吊笼制停在导轨架上，如图 4—8b 所示。

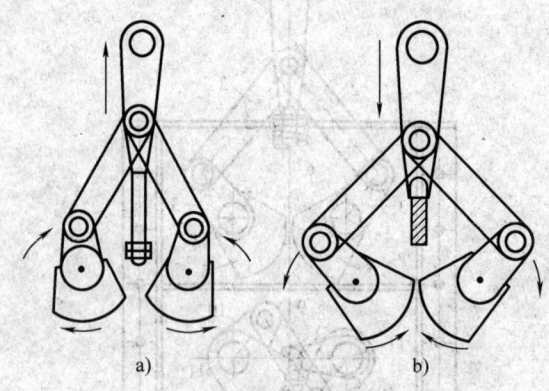

图 4—8　断绳保护装置工作状态图
a) 吊笼运行状态　b) 夹紧状态

2）停层防坠落装置工作原理。如图 4—7 所示，在吊笼运行前，向下拉动拉杆 7，带动横连杆 8 围绕轮轴 11 向下转动，在轮轴 11 的带动下使同侧的连杆 10 和偏心轮 12 一起向外侧转动。而当连杆 10 在转动时，同时带动另一侧的连杆和偏心轮围绕轮轴一起向外侧转动，此时两偏心轮同时离开导轨，吊笼可启动，如图 4—9b 所示。当到达层站时，只要松开拉杆 7 的约束，在弹簧 13 的作用下，拉杆 7 向上移动，完成一系列动作后，使两偏心轮向中间转动，达到夹紧导轨防止吊笼坠落的目的，如图 4—9a 所示。

(3) 防坠安全装置的试验

当施工升降机安装后和使用过程中应进行坠落试验和对停层

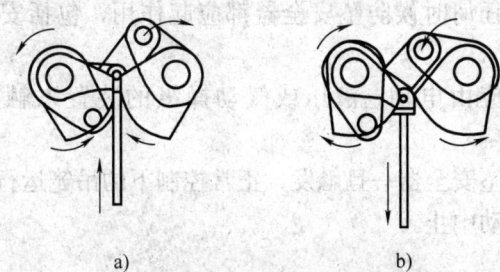

图 4—9　停层防坠落装置示意图
a) 停层状态　b) 运行状态

防坠装置进行试验。坠落试验时，应在吊笼内装上额定载荷并将吊笼上升到离地面 3 m 左右高度后停住，然后用模拟断绳的方法进行试验。停层防坠落装置试验时，应在吊笼内装上额定载荷将吊笼上升 1 m 左右高度后停住，在断绳保护装置不起作用的情况下，放松拉杆 7 使偏心轮夹紧导轨，然后启动卷扬机使钢丝绳松弛，看吊笼是否下降。

四、安全技术要求

（1）防坠安全器必须进行定期检验标定，定期检验应由具有相应资质的单位进行。

（2）防坠安全器只能在有效的标定期内使用，有效检验标定期限不应超过 1 年。

（3）施工升降机每次安装后，必须进行额定载荷的坠落试验，以后至少每 3 个月进行一次。试验时，吊笼不允许载人。

（4）防坠安全器出厂后，动作速度不得随意调整。

（5）SC 型施工升降机使用的防坠安全器安装时透气孔应向下，紧固螺孔不能出现裂纹，安全开关的控制接线完好。

（6）防坠安全器动作后，应由专业人员实施复位，使施工升降机恢复到正常工作状态。

(7) 在任何时候防坠安全器都应起作用,包括安装和拆卸工况。

(8) 不应由电动、液压或气动操纵的装置来触发防坠安全器。

(9) 防坠安全器一旦触发,正常控制下的吊笼运行应由电气安全装置自动中止。

第四节　其他安全装置

一、安全钩

1. 安全钩的作用与基本构造

安全钩是防止吊笼倾翻的挡块。其作用是防止吊笼脱离导轨架或防坠安全器输出端齿轮脱离齿条,如图 4—10 所示。

图 4—10　安全钩

安全钩一般有整体浇铸和钢板加工两种。其结构分底板和钩体两部分,底板由螺栓固定在施工升降机吊笼的立柱上。

2. 安全钩的安全要求

(1) 安全钩必须成对设置,在吊笼立柱上一般安装上下两组安全钩,安装应牢固。

(2) 上面一组安全钩的安装位置必须低于最下方的驱动

齿轮。

（3）安全钩出现焊缝开裂、变形时，应及时更换。

二、齿条挡块

为避免施工升降机在运行或吊笼下坠时，防坠安全器的齿轮和齿条啮合分离，施工升降机应采用齿条背轮和齿条挡块。当齿条背轮失效后，齿条挡块就成为最终的防护装置。

三、缓冲装置

1. 缓冲装置的作用

缓冲装置安装在施工升降机底架上，用以吸收下降的吊笼或对重的动能，起到缓冲作用。

施工升降机的缓冲装置主要使用弹簧缓冲器，如图4—11所示。

图4—11 弹簧缓冲器

2. 缓冲装置的安全要求

（1）每个吊笼一般设2～3个缓冲器，对重设一个缓冲器。同一组缓冲器的顶面相对高度差不应超过2 mm。

（2）缓冲器中心与吊笼底梁或对重相应中心的偏移，不得超过20 mm。

（3）经常清除基础上的垃圾和杂物，防止堆在缓冲器上使缓冲器失效。

（4）应定期检查缓冲器的弹簧，发现锈蚀严重超标的要及时更换。

四、相序和断相保护器

电路应设有相序和断相保护器。当电路发生错相或断相时,保护器就能通过控制电路及时切断电动机电源,使施工升降机无法启动。

五、超载保护装置

超载保护装置也称超载限制器,是用于施工升降机超载运行的安全装置,常用的有电子传感器式、弹簧式和拉力环式三种。

1. 电子传感器超载保护装置

施工升降机常用的电子传感式保护装置如图 4—12 所示。其工作原理是当重量传感器得到吊笼内载荷变化而产生的微弱信号,输入放大器后,经 A/D 转换成数字信号,再将信号送到处理器进行处理,其结果与所设定的动作点进行比较,如果通过所设定的动作点,则继电器工作。当载荷达到额定载荷的 90% 时,警示灯闪烁,报警器发出断续声响;当载荷接近或达到额定载荷的 110% 时,报警器发出连续声响,此时吊笼不能启动。保护装置由于采用了数字显示方式,既可实时显示吊笼内的载荷值变化情况,还能及时发现超载报警点的偏离情况,及时进行调整。

2. 弹簧式超载保护装置

弹簧式超载保护装置安装在地面转向滑轮上,其结构如图 4—13 所示。超载保护装置由钢丝绳 1、地面转向滑轮 2、支架 3、弹簧 4 和行程开关 5 组成。当载荷达到额定载荷的 110% 时,行程开关被压动,断开控制电路,使施工升降机停机,起到超载保护作用。其特点是结构简单、成本低,但可靠性差,易产生误动作。

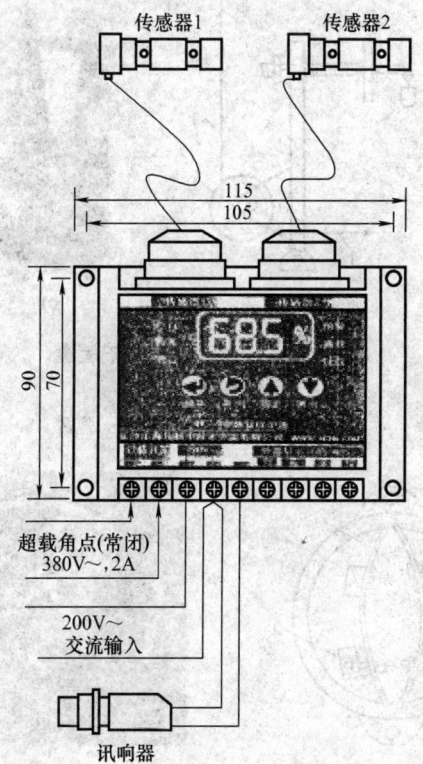

图4—12 电子传感器超载保护装置

3. 拉力环式超载保护装置

拉力环式超载保护装置如图4—14所示,该超载保护装置由弹簧钢片1、微动开关2、4和触发螺钉3、5组成。

使用时将两端串入施工升降机吊笼提升钢丝绳中,当受到吊笼载荷重力时,拉力环会立即变形,两块变形钢片会立即向中间挤压,带动装在上边的微动开关和触发螺钉,当受力达到报警限制值时,其中一个开关动作;当拉力环继续增大时,达到调节的超载限制值时,使另一个开关也动作,断开电源,吊笼不能启动。

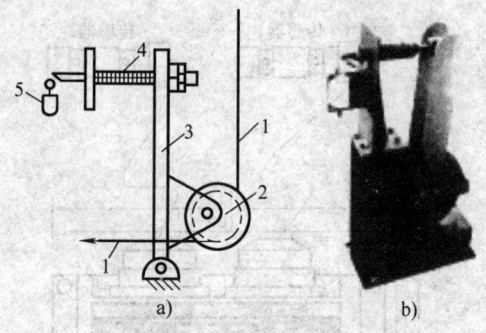

图4—13 弹簧式超载保护装置

a）原理图 b）实物图

1—钢丝绳 2—地面转向滑轮 3—支架 4—弹簧 5—行程开关

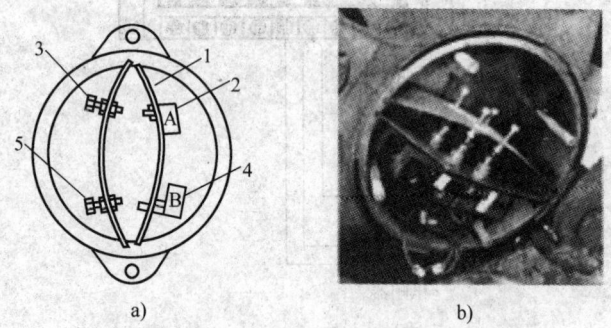

图4—14 拉力环式超载保护装置示意图

a）原理图 b）实物图

1—弹簧钢片 2、4—微动开关 3、5—触发螺钉

4. 超载保护装置的安全要求

（1）超载保护装置的显示器应防止淋雨受潮。

（2）在安装、拆卸、使用和维护过程中应避免对超载保护装置的冲击、振动。

（3）使用前应对超载保护装置进行调整，使用中如发现设定的限定值出现偏差，则应及时进行调整。

第 五 章

施工升降机的安全使用

第一节 施工升降机安全作业条件

施工升降机在施工中要保证安全使用和正常运行，必须具备一定的安全技术条件。一般来说，安全技术条件包括驾驶人员条件、环境设施条件和技术条件等。

一、施工升降机司机条件

从事施工升降机驾驶操作人员应当具备下列条件：

（1）年满18周岁，具有初中以上文化程度。

（2）每年须进行一次身体检查，矫正视力不低于5.0，没有色盲、听觉障碍、心脏病、贫血、美尼尔症、癫痫、眩晕、突发性昏厥、断指等妨碍起重作业的疾病和缺陷。

（3）接受专门安全操作知识培训，经建设主管部门考核合格，取得建筑施工特种作业操作资格证书。

（4）首次取得证书的人员实习操作不得少于三个月，否则，不得独立上岗作业。

（5）持证人员必须按规定进行操作证的复审，对到期未经复审或复审不合格的人员，不得继续独立操作施工升降机。

（6）每年应当参加不少于24 h的安全生产教育。

二、环境设施条件

(1) 环境温度应当为-20～+40℃。
(2) 顶部风速不得大于 20 m/s。
(3) 电源电压值偏差应当小于±5%。
(4) 基础周围应有排水设施，基础四周 5 m 内不得开挖沟槽。
(5) 30 m 范围内不得进行对基础有较大振动的施工。
(6) 在吊笼地面出入口处应搭设防护隔离棚，其纵距必须大于出入口的宽度，其横距应满足高处作业物体坠落规定半径范围要求。

第二节 施工升降机的安全操作要求

一、使用前的检查

1. 作业前，应检查以下事项：
(1) 检查导轨架等金属结构有无明显变形，连接螺栓是否紧固，节点有无裂缝、开焊等情况。
(2) 架体的安装精度是否符合要求。
(3) 检查附墙是否牢固，接料平台是否平整，防护是否到位。
(4) 检查钢丝绳固定是否良好，断股断丝是否超标。
(5) 查看吊笼和对重运行范围内有无障碍物等。

2. 启动前，应检查以下事项：
(1) 电源接通前，检查地线、电缆是否完整无损，操纵开关是否置于零位。
(2) 电源接通后，检查电压是否正常、机件有无漏电、电气仪表是否灵敏有效。

（3）进行以下操作，检查安全开关是否有效，应确保吊笼均不能启动：

1) 打开围栏门。
2) 打开吊笼单开门。
3) 打开吊笼双开门。
4) 打开顶盖紧急出口门。
5) 触动防断绳安全开关。
6) 按下紧急制动按钮。

3. 进行空载运行，检查上、下限位开关，极限开关及其碰铁是否有效、可靠、灵敏。

4. 检查各润滑部位，应润滑良好。如润滑情况差，应及时进行润滑；油液不足应及时补充润滑油。

二、施工升降机操作的一般步骤

以 SC200 系列某型号施工升降机为例，说明施工升降机操作的一般步骤。

1. 熟悉使用说明书

当接管从未操作过的施工升降机或新出厂第一次使用的施工升降机时，必须先认真阅读该机的使用说明书，了解施工升降机的结构特点，熟悉使用性能和技术参数，掌握操作程序、安全使用规定和维护保养要求。

2. 熟悉操作台面板

通常情况下，施工升降机的操纵台面板上配有启动、急停、电铃等按钮，安装了操作手柄，可操作吊笼上升、下降，并配有电压表、电源锁、照明开关以及电源、常规和加节等，如图5—1所示。施工升降机司机应当按说明书的内容逐项熟悉并掌握施工升降机的部件、机构、安全装置和操纵台以及操作面板上各类按钮、仪表、指示灯的作用。

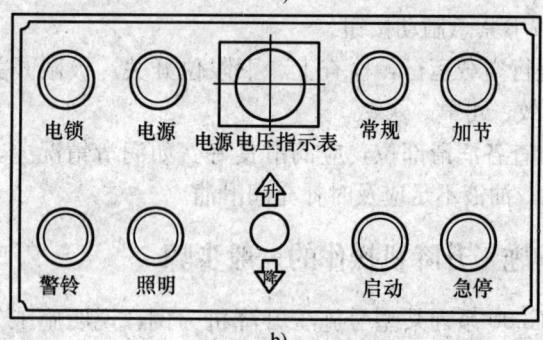

图 5—1 操作台面板
a) 操纵台面板实物网 b) 操纵台面板示意图

(1) 电源锁,打开后控制系统将通电。
(2) 电压表,供查看供电电压是否稳定。
(3) 启动按钮,按下后主回路供电。
(4) 操作手柄,控制吊笼向上或向下运行。
(5) 电铃按钮,按下后发出警示铃声信号。
(6) 急停按钮,按下后切断控制系统电源。
(7) 照明开关,控制驾驶室照明。
(8) 电源指示灯,显示控制电路通断情况。
(9) 常规指示灯,显示设备处于正常工作状态。

(10) 加节指示灯，显示施工升降机正处于加节安装工作状态。

3. 施工升降机正常驾驶的步骤

(1) 依次打开防护围栏门、吊笼门，进入吊笼。

(2) 确认吊笼内的极限开关手柄置于中间位置，确认操纵台上的紧急制动按钮处于打开状态，升降操纵手柄置于中间位置。

(3) 将围栏门上电源箱的电源开关置于"合"或"ON"位置，接通电源。

(4) 依次关闭围栏门，吊笼单行门、双行门等。

(5) 观察电压表，确认电源电压正常稳定。

(6) 用钥匙打开控制电源。

(7) 按下启动按钮，使控制电路通电。

(8) 操纵手柄，使施工升降机吊笼运行，进行空载试运转，确认安全限位装置灵敏有效。

4. 施工升降机的使用记录

施工升降机在使用过程中必须认真做好使用记录，使用记录一般应包括运行记录、维护保养记录、交接记录和其他内容等。

三、正常运行中的安全操作要求

(1) 施工升降机在每班首次运行时，应当将吊笼升离地面1~2m，试验制动器的可靠性，如发现制动器不正常，应修复后方可运行。

(2) 吊笼内乘人或载物时，应使载荷均匀分布，防止偏重，严禁超载运行。

1) 司机应监督施工升降机的负荷情况，当超载、超重时，应当停止施工升降机的运行。

2) 当物件装入吊笼后，首先应检查物件有无伸出吊笼外情况，应特别注意装载位置，确保堆放稳妥，防止物件倾倒。

3）物体不得伸出、阻挡吊笼上的紧急出口，平时正常行驶时应将紧急出口关闭。

4）施工升降机运行时，人员的头、手等身体任何部位严禁伸出吊笼。

5）装运易燃和易爆危险物品时，必须要有安全防护措施。

6）装运有腐蚀危险的各种液体及其他危险品，必须采用专用容器搬运，并确保堆放稳妥。

（3）在等候载物或人员时，应当监督他人不得站在吊笼和卸料平台之间，应站在吊笼内，或在卸料平台等候。

（4）如有人在导轨架上或附墙架上作业时，不得开动施工升降机，当吊笼升起时严禁有人进入地面防护围栏内。

（5）吊笼启动前必须鸣铃示意。

（6）司机在工作时间内不得擅自离开工作岗位。必须离开岗位时，应将吊笼停在地面站台，吊笼门关闭上锁，将钥匙取走，并挂上有关告示牌。

（7）在施工升降机未切断电源前，司机不得离开工作岗位。

（8）施工升降机运行到最上层和最下层时，严禁用碰撞上、下限位开关自动停车来代替正常驾驶。

（9）施工升降机在正常运行时，严禁将极限开关手柄脱离挡铁，使其失效。

（10）驾驶施工升降机时，必须用手操纵手柄开关或按钮开关，不得用身体其他部位代替手来操纵。严禁利用物品吊在操纵开关上或塞住控制开关，开动施工升降机上下行驶。

（11）施工升降机在运行时，禁止揩拭、清洁、润滑和修理机件。

（12）施工升降机向上行驶至最上层站时，应注意及时停止行驶，以防吊笼冲顶。满载向下行驶至最低层站时，也应注意及时停止行驶，以防吊笼下冲底座。

（13）施工升降机在行驶中停层时，应注意层站位置，不能将上下限位作为停层开关,不能用打开单行门和双行门来停机。在转换运行方向时,应先将开关放在停止位置,再换反向位置,不能换向太快,以防损坏电气和机械设备。

(14) 在施工升降机运行中或吊笼未停妥前,不可开启单行门和双行门。

(15) 吊笼内应配置灭火器,放置平稳,便于取用。

(16) 如发现施工升降机运行中有异常情况,应立即停机检查。

(17) 司机发现施工升降机在行驶中出现故障时,不得随意对施工升降机进行检修,应及时通知维修人员进行维修。维修时,应协助维修人员工作,不能随便离开工作岗位。

(18) 施工升降机在大雨、大雾和大风(风速超过 20 m/s)时,应停止运行,并将吊笼降到地面站台,切断电源。暴风雨后应对施工升降机各安全装置进行一次检查。

(19) 严禁酒后上岗作业,工作时不得与其他人闲谈,严禁听、看与驾驶无关的音像、书报等。

四、出现异常情况的操作要求

(1) 当施工升降机的吊笼门和防护围栏门关闭后,如吊笼不能正常启动时,应随即将操纵开关复位,防止电动机缺相或制动器失效,而造成电动机损坏。

(2) 在吊笼门和防护围栏门没有关闭情况下,吊笼仍能启动运行,应立即停止使用,进行检修。

(3) 施工升降机在运行中,如果电源突然中断,应将所有操纵开关恢复停止在原始位置。电源恢复后,应检查所有操纵开关位置后,方可重新驾驶。

(4) 吊笼在行驶中或停层时,出现失去控制现象时,应立即按下急停开关,切断控制回路电源,使吊笼停止运行,由专业人员进行检修。

(5) 当施工升降机在运行时,如果发现有异常的噪声、振动和冲击等现象,应立即停止使用,通知维修人员查明原因。

(6) 吊笼在正常载荷下,停层时出现明显下滑现象时,应停用检修。

(7) 当接触到施工升降机的任何金属部件时,如有漏电现象,应立即切断施工升降机的电源进行检修。

(8) 施工升降机在正常运载条件、正常行驶速度下,防坠安全器发生动作而使吊笼制动时,应由专业维修人员及时检修。

(9) 当发现电气零件及接线发出焦热的异味时,施工升降机应立即停止使用,进行检修。

五、紧急情况的操作要求

在施工升降机的使用过程中,有时会发生一些紧急情况,此时司机首先应保持镇静,维持好吊笼内乘员的秩序,采取一些合理有效的应急措施,等待维修人员排除故障,尽可能地避免事故,减少损失。

1. 吊笼在运行中突然断电

当吊笼在运行中突然断电时,司机应立即关闭吊笼内控制箱的电源开关,切断电源。紧急情况下,可立即拉下极限开关臂杆切断电源,防止突然来电时发生意外。然后与地面或楼层上有关人员联系,判明断电原因,按照以下方法处置,千万不能贪图省事,与乘员一起攀爬导轨架、附墙架或防护栏杆等进入楼层,以防坠落造成人身伤害事故。

(1) 若短时间停电,可让乘员在吊笼内等待,待接到来电通知后,合上电源开关,经检查机械正常后才可启动吊笼。

(2) 若停电时间较长且在层站上时,应及时撤离乘员,等待来电;若不在层站上时,应由专业维修人员进行手动下降到最近层站撤离乘员,然后下降到地面等待来电。

(3) 若因故障造成断电且在层站上时,应及时撤离乘员,等待维修人员检修；若不在层站上时，应由专业维修人员进行手动下降到最近层站撤离乘员，然后下降到地面进行维修。

（4）若因电缆扯断而断电，应当关注电缆断头，防止有人触电。若吊笼停在层站上时，应及时撤离乘员，等待维修人员检修；若不在层站上时，应由专业维修人员进行手动下降到最近层站撤离乘员，然后下降到地面进行维修。

2. 吊笼发生失火

当吊笼在运行中途突然遇到电气设备或货物发生燃烧，司机应立即停止施工升降机的运行，及时切断电源，并用随机备用的灭火器来灭火。然后，报告有关部门，抢救受伤人员，撤离所有乘员。

使用灭火器时应注意，在电源未切断之前，应用1211、干粉、二氧化碳等灭火器来灭火；待电源切断后，方可用酸碱、泡沫等灭火器及水来灭火。

3. 发生坠落事故

当施工升降机在运行中发生吊笼坠落事故时，司机应保持镇静，及时稳定乘员的恐惧心理和情绪。同时，应告诉乘员，将脚跟提起，使全身重量由脚尖支持，身体下蹲，并用手扶住吊笼或抱住头部，以防吊笼因坠落而发生伤亡事故。如吊笼内载有货物，应将货物扶稳，以防倒下伤人。

若安全器动作并把吊笼制停在导轨架上，应及时与地面或楼层上有关人员联系，由专业维修人员登机检查原因。

（1）若因货物超载造成坠落，则由维修人员对安全器进行复位，然后由司机合上电源，启动吊笼上升30～40 cm使安全器完全复位，再让吊笼停在距离最近的层站上，卸去超载的货物后，施工升降机可继续使用。

（2）如因机械故障造成坠落，而一时又不能修复的，应在采取安全措施的情况下，有组织地向最近楼层撤离乘员，然后交维修人员检修。

在安全器进行机械复位后,一定要启动吊笼上升一段行程使安全器脱挡,进行完全复位,否则,马上下降吊笼易发生机械故障。另外,在不能及时修复时,撤离乘员的安全措施必须由工地负责制定和实施。

4. 吊笼越程冲顶

所谓吊笼冲顶是指施工升降机在运行过程中吊笼越过上限位、上极限限位,冲击天轮架,甚至击毁天轮架,使吊笼脱离导轨架从高处坠落。

施工升降机使用过程中,若发生吊笼冲顶事故,此时司机一定要镇静应对,防止乘员慌乱而造成更严重的事故后果。

(1) 在吊笼的上限位开关碰到限位挡铁时,该位置的上部导轨架应有1.8 m的安全距离,当发现吊笼越程时,司机应及时按下红色急停按钮,让吊笼停止上升;如不起作用,吊笼继续上升,则应立即关闭极限开关,切断控制箱内电源,使吊笼停止上升。用手动下降方法使吊笼下降,让乘员在最近层站撤离,然后下降吊笼到地面站,交由专业维修人员进行修理。

(2) 当吊笼冲击天轮架后停住不动,司机应及时切断电源,稳住乘员的情绪,然后与地面或楼层上有关人员联系,等候维修人员上机检查。如施工升降机无重大损坏即可用手动下降方法使吊笼下降,让乘员在最近层站撤离,然后下降到地面站进行维修。

(3) 当吊笼冲顶后,仅靠安全钩悬挂在导轨架上,此种情况最危险,司机和乘员一定要镇静,严禁在吊笼内乱动、乱攀爬,以免吊笼翻出导轨架而造成坠落事故。及时向其他人员发出求救信号,等待救援人员施救。救援人员应根据现场情况,尽快采取最安全和有效的应急方案,在有关方面统一指挥下,有序地进行施救。

救援过程中一定要先固定住吊笼,然后撤离人员。救援人员一定要动作轻,尽量保持吊笼的平稳,避免受到过度冲击或振动,使救援工作稳步有序进行。

六、作业结束后的安全要求

(1) 施工升降机工作完毕后停驶时,司机应将吊笼停靠至地面层站。

(2) 司机应将控制开关置于零位,切断电源开关。

(3) 司机在离开吊笼前应检查一下吊笼内外情况,做好清洁保养工作,熄灯并切断控制电源。

(4) 司机离开吊笼后,应将吊笼门和防护围栏门关闭严实,并上锁。

(5) 切断施工升降机专用电箱电源和开关箱电源。

(6) 如装有空中障碍灯时,夜间应打开障碍灯。

(7) 当班司机要填写好交接班记录,进行交接班。

第三节　施工升降机作业过程中的检查

在施工升降机使用过程中,司机可以通过听、看、试等方法及早发现施工升降机的各类故障和隐患,通过及时检修和维护保养,可以避免施工升降机零部件的损坏或损坏程度的扩大,从而避免事故的发生。

一、防护围栏及基础的检查

施工升降机作业过程中对防护围栏及基础检查的内容、方法和要求列举于表5—1。

表 5—1　　　　　　防护围栏及基础检查表

序号	检查项目	存在的问题	检查方法和要求
1	基础内积水	下雨或施工过程造成积水	（1）下雨后或施工中，检查基础是否积水，如有积水应及时扫除 （2）如由于无排水沟造成积水，应及时向有关部门反映设置排水沟等排水系统
2	防护围栏内杂物和建筑垃圾	（1）防护围栏内常有木条、砖块、短钢筋等杂物 （2）楼层清理垃圾时大量垃圾堆积在防护围栏内，埋没缓冲弹簧，甚至堆积到吊笼无法停层到位	（1）每天启动吊笼前检查防护围栏内有无杂物 （2）在使用过程中经常检查围栏内有无杂物，发现杂物必须及时清理，特别是较大物件，必须清理后才能使用

二、层门与卸料平台的检查

司机在驾驶施工升降机时，要养成随手关闭吊笼层门的良好习惯，经常观察卸料平台及通道围挡的情况，关注层门与吊笼门的间隙距离，防止高空坠落。施工升降机作业过程中对层门与卸料平台检查的内容、方法和要求列举于表 5—2。

表 5—2　　　　　　层门与卸料平台检查表

序号	检查项目	存在的问题	检查方法和要求
1	层门	层门未关闭，层门外开并进入吊笼运行通道内	（1）在地面观察层楼上有无未关闭的层门，在操纵吊笼运行时观察有无未关闭的层门，一旦发现必须立即设法关闭 （2）在开关层门时观察层门是否会与吊笼运行相干涉，一旦发现必须立即进行整改

续表

序号	检查项目	存在的问题	检查方法和要求
2	层门与吊笼的间隙	层门的净宽度大于吊笼进出口宽度 120 mm	吊笼停层时用卷尺测量，层门净宽是否大于吊笼门净宽度 120 mm。如发现上述情况应及时进行整改
3	卸料平台和防护设施	卸料平台未固定或固定不牢靠，卸料平台防护设施不符合安全要求	（1）吊笼停层后，乘员和物料通过卸料平台时，观察卸料平台是否有松动、滑移 （2）发现卸料平台端头搁置过短或未进行固定等现象，应立即进行整改 （3）吊笼停层后，观察卸料平台临边的防护栏杆是否达到 1.2 m 高度并符合安全要求，临边部位是否用密目式安全网或竹笆等进行围挡

三、传动机构的检查

施工升降机传动机构主要由电动机、电磁制动器、蜗轮减速箱、驱动齿轮、联轴器等组成，其主要零部件均安装在传动板上。施工升降机作业过程中对传动机构检查的内容、方法和要求列举于表 5—3。

表 5—3　　　　　　传动机构检查表

序号	检查项目	存在的问题	检查方法和要求
1	电动机	（1）电动机过热 （2）进线罩壳松动	（1）用手触摸电动机外壳，估计温度值，如遇过热，尽量加长停机时间 （2）要求派检修人员检查热继电器是否失效 （3）检查电动机进线罩有无松动、紧固螺栓有无缺少等，否则，应及时完善

续表

序号	检查项目	存在的问题	检查方法和要求
2	电磁制动器	(1) 电磁制动器缺罩壳或罩壳松动 (2) 制动垫片(块)磨损超标	(1) 检查电磁制动器有无罩壳或罩壳是否固定可靠 (2) 在地面起升吊笼到1～2m处停机,检查吊笼有无明显下滑
3	蜗轮减速器	漏油、缺油及过热	(1) 进入吊笼内检查蜗轮减速箱是否有滴油现象,吊笼底板、蜗轮箱壳、电缆上有无油污,如有漏油应及时维修 (2) 检查蜗轮箱壳上的油仓,查看油液是否低于油面线,否则,应及时加注专用蜗轮油 (3) 吊笼运行一段时间后应检查蜗轮箱的发热情况,一般温升不应超过60℃。如使用不频繁又无长距离运行,而温度很高,应考虑是否缺油或蜗轮副效率降低、失效。前者应及时加油,后者应由机修人员检查维修

四、齿轮齿条的检查

齿轮齿条式施工升降机靠齿轮齿条的啮合,使吊笼挂在导轨架上,并沿导轨架升降,因此,齿轮的磨损量和齿轮齿条是否正确啮合是确保安全的重要因素。施工升降机作业过程中对齿轮齿条检查的内容、方法和要求列举于表5—4。

表 5—4　　　　　　　齿轮齿条检查表

序号	检查项目	存在的问题	检查方法和要求
1	驱动齿轮	齿形磨损严重	(1) 在防护围栏外、在对面吊笼内或进入吊笼顶部观察驱动齿轮齿形是否变尖 (2) 根据经验，有对重的吊笼在正常使用情况下，一般 3～4 个月应更换齿轮；无对重的吊笼，一般 1～2 个月需更换小齿轮 (3) 用公法线千分尺测量齿轮
2	齿轮齿条间的啮合	由于安装时未调试好，使用中吊笼变形、滚轮移位等造成齿轮齿条的啮合过松、过紧或接触面积的变化	观察齿条上润滑油被小齿轮啮合后的印痕，判断啮合情况：a 为正确，b 为中心距过大（过松），c 为中心距过小（过紧），d 为轴线不平行。中心距过大，吊笼运行时易跳动；中心距过小，吊笼运行时有阻滞现象；轴线不平行，吊笼位置可能会远离导轨架，或吊笼向某一方向倾斜。这些现象都可能造成齿轮和齿条过度磨损或局部受力后局部磨损，齿根裂纹或折断等情况
3	齿轮齿条间杂物	齿轮齿条间常有较硬的建筑垃圾，会加剧齿面的磨损	(1) 每天第一次启动吊笼时，必须检查所有齿轮与齿条间有无杂物 (2) 在使用过程中，应经常检查齿轮齿条间有无杂物，特别是较长时间停用后更要检查

五、对重装置的检查

施工升降机的对重装置主要由对重、导向轮、防脱导板和钢丝绳等组成。施工升降机作业过程中对对重装置检查的内容、方法和要求列举于表 5—5。

表 5—5. 对重装置检查表

序号	检查项目	存在的问题	检查方法和要求
1	对重导轨	（1）固定式导轨脱焊（2）装配式导轨松动（3）导轨上下对接处阶差超标	在吊笼升降过程中观察导轨有无脱焊、松动，导轨上下对接处阶差是否过大。如对重运行时由于导轨阶差过大造成跳动等现象应立即停机整改、维修
2	对重滚轮、防脱导板	（1）滚轮或导向轮缺损、不转动造成局部磨损（2）防脱导板局部磨损、扭曲变形	（1）吊笼上升至导轨架高度的中部，使对重上部停在吊笼的下半部，在吊笼内检查滚轮或导向轮有无缺损，有无局部严重磨损；检查防脱导板有无扭曲变形和严重磨损的现象（2）将吊笼下降，使对重的下端部停在吊笼的上半部，在吊笼内检查下滚轮或导向轮是否缺损，有无局部磨损；检查防脱导板有无严重磨损和扭曲变形的现象
3	钢丝绳及钢丝绳夹	钢丝绳缺油，外部磨损严重，钢丝绳断丝断股，钢丝绳夹正反混扣，绳夹数量不足或不匹配等	（1）将吊笼上升至导轨架高度的中部，使对重上部停在吊笼下部，在吊笼内检查安全弯有无被拉成小弯或拉直，钢丝绳绳夹有无正反混扣，绳夹数量规格是否符合规定（2）继续上升吊笼，到最上部停靠点，运行中检查钢丝绳有无缺油、外部磨损、断丝断股等现象。此项检查应有人员配合（3）吊笼停靠地面站，使用专用扶梯从顶门进入吊笼顶部，检查连接防松（断）绳保护装置上的钢丝绳、绳夹等有无不安全现象。此项检查应有人员配合

六、电缆及导架的检查

施工升降机作业过程中对电缆及电缆导架检查的内容、方法和要求列举于表 5—6。

表 5—6　　　　　　电缆及导架检查表

序号	检查项目	存在的问题	检查方法和要求
1	电缆	（1）电缆盘落到了储存筒外 （2）电缆绝缘外皮破损 （3）电缆与防护设施干涉	（1）吊笼在升降过程中检查电缆绝缘外皮有无破损，电缆与脚手架等设施是否有干涉 （2）下降过程中，经常检查电缆有无盘落在电缆储存筒之外的现象
2	电缆导架	（1）导架变形、移位 （2）导架胶皮缺损 （3）导架安装位置不规范	（1）吊笼升降过程中检查电缆导架有无变形移位，导架胶皮有无缺损 （2）在地面检查电缆导架是否按规定安装 1）第一只导架离电缆储存筒上口约 1.5 m 2）第二只导架距第一只导架约 3.0 m 3）第三只导架距第二只导架约 4.5 m 4）从第四只导架开始每只导架距前一只导架 6.0 m

七、安全装置的检查

施工升降机的安全限位保险装置较多，包括围栏门及吊笼门机械联锁装置，吊笼上、下限位开关，极限开关，防松、断绳限位开关，安全钩，防坠安全器，紧急制动按钮以及超载保护装置等，其是否灵敏可靠直接关系到施工升降机是否能够安全运行。施工升降机司机应当经常检查或在相关人员配合下检查安全装置是否灵敏、可靠、有效。施工升降机作业过程中对安全保险限位装置检查的内容、方法和要求列举于表5—7。

表5—7 安全装置检查表

序号	检查项目	存在的问题	检查方法和要求
1	围栏门及吊笼门机械联锁装置和电气安全开关	无联锁装置、装置失效或损坏	(1) 在地面检查有无机械联锁装置 (2) 将吊笼升至离地面2 m左右停止起升,检查围栏门的机械联锁装置是否有效地扣着围栏门,如吊笼也有机械联锁装置,则试图打开吊笼门,检查能否被打开 (3) 地面人员试图打开围栏门,检查门能否被打开 (4) 检查围栏门的电气安全开关是否有效
2	上、下限位开关	限位开关紧固螺栓松动或脱落,限位开关臂杆弯曲变形及限位开关失效	(1) 在吊笼内观察限位开关的臂杆有无弯曲变形 (2) 观察限位开关螺栓有无脱落,用手摇动限位开关观察有无松动 (3) 启动吊笼,在上升过程中按压上限位臂杆,测试吊笼是否能够停止上升;同样,在下降中测试下限位开关是否有效
3	极限开关	极限开关手柄脱离挡铁位置、极限开关失效或某一方向失效	(1) 吊笼停靠地面站或继续下行碰撞下限位开关,吊笼停止运行后观察极限开关手柄是否脱离挡铁位置 (2) 启动吊笼,在上升或下降运行中扳动极限开关手柄。看吊笼是否停止运行;同时观察手柄在上、下位置定位是否准确

续表

序号	检查项目	存在的问题	检查方法和要求
4	防松（断）绳限位开关	限位开关未接入控制电路，限位开关脱落或松动，限位开关损坏失效	（1）打开顶盖门登上吊笼顶，检查防松（断）绳限位开关有无脱落、松动、倾斜等现象 （2）观察限位开关导线是否接入控制电路 （3）按下限位开关臂杆或触头，检查吊笼运行是否停止
5	防坠安全器	紧固螺孔有裂纹，透气孔向上，安全开关控制线腐蚀，超过标定期限	（1）在吊笼内观察安全器的紧固螺孔周围有无裂纹 （2）观察安全器壳体上的透气孔是否向下 （3）检查安全开关引线的绝缘层上有无油污、绝缘层是否腐朽 （4）查看安全器壳体上的检测标牌，是否在有效期内
6	安全钩	安全钩松动，安全钩变形、开裂，上安全钩位置高于最低驱动齿轮	（1）在地面站台观察左右两侧的安全钩，有无松动、变形和开裂等现象 （2）从围栏外或另一只吊笼内观察安全钩是否在最低驱动齿轮的下方
7	紧急制动按钮	控制线接反或未接，按钮失效或损坏	（1）检查按钮有无损坏，向下按压检查能否顺利按下和自行锁定，然后反向旋转检查能否复位 （2）在吊笼上升至离地面站1～2 m左右时按下紧急制动按钮，观察吊笼能否停止运行

续表

序号	检查项目	存在的问题	检查方法和要求
8	超载保护装置	误差超过规定要求,未设置	(1)检查超载保护装置是否已设置,是否对吊笼内载荷及笼顶载荷均有效 (2)对吊笼进行加载,当载荷达到90%额定载重量时是否有报警信号,当达到110%时能否中止吊笼启动

八、吊笼运行异常检查

施工升降机吊笼在运行中出现跳动、晃动等异常现象,应按照表5—8所列内容、方法和要求进行检查。

表5—8　　　　　吊笼运行跳动情况检查表

序号	检查项目	存在的问题	检查方法和要求
1	吊笼跳动	运行时出现跳动	(1)出现有节奏性的跳动现象,应检查驱动齿轮是否断齿,齿轮齿条是否磨损超标,蜗轮轴是否弯曲变形 (2)吊笼运行到某一部位时跳动,应检查以下方面: 1)吊笼所在位置的导轨架的阶差是否超标 2)对重所在位置的导轨阶差是否超标 3)齿条对接阶差是否超标 4)导轨架的标准节对接紧固螺栓是否松动或脱落
2	运行时吊笼晃动	运行时吊笼左右晃动	检查吊笼滚轮是否松动,滚轮槽内的油脂印痕有无单边受力、磨损等情况,滚轮间隙是否符合要求

续表

序号	检查项目	存在的问题	检查方法和要求
3	制动时吊笼下滑	制动时吊笼有下滑现象	检查制动器的制动力矩是否不足,制动块磨损是否超标,如出现上述情况应调整制动力矩或更换制动垫片(块)

九、运动部件安全距离的检查

施工升降机的运动部件主要包括吊笼、对重、对重钢丝绳和电缆(电缆小车)等,周围一般设有脚手架、防护棚、模板和主体结构等,施工升降机与周围的固定设施要保持一定的安全距离。施工升降机作业过程中对运动部件安全距离的检查内容、方法和要求列举于表5—9。

表5—9　　　运动部件的安全距离检查表

检查项目	存在的问题	检查方法和要求
安全距离	(1) 吊笼特别是驾驶室与脚手架杆件、地面站防护棚的架体的距离小于安全要求 (2) 电缆通道与脚手钢管及地面站防护棚的距离过小	(1) 在地面台站检查吊笼运行通道内,查看脚手架杆件等是否与吊笼、电缆和对重等运行存在干涉 (2) 把吊笼从地面台站上升2~3 m,检查进料口防护棚设施是否会碰擦吊笼、驾驶室、电缆、对重等 (3) 在吊笼运行过程中,检查靠近吊笼、电缆、对重运行的部位是否会发生碰擦现象或距离小于安全规定

十、吊笼顶部的检查

施工升降机作业过程中对吊笼顶部检查的内容、方法和要求列举于表5—10。

表 5—10　　　　　吊笼顶部检查表

检查项目	存在的问题	检查方法和要求
吊笼顶部杂物和栏杆	吊笼顶部堆积建筑垃圾，安装升节时遗留的零件等；防护栏杆缺少、弯曲变形或固定不可靠等	(1) 每天下班前应做好检查和清洁工作，把吊笼停靠地面站后，通过爬梯登上笼顶，清扫顶部，尤其在加节后或顶部有人操作、使用后，应及时做好清扫工作；同时检查拉杆固定是否可靠 (2) 每天上班前应检查吊笼顶部的防护栏杆是否缺少或损坏变形，栏杆是否固定牢靠

第四节　施工升降机性能试验

施工升降机的性能是否正常，应通过空载、安装、荷载和坠落等性能试验来检验。各种试验的条件不相同，但正常工作的标准基本是相同的，即在每一工作循环中，启动、制动正常，运行平稳，无异常响声，制动时无瞬时滑移现象。

施工升降机的性能试验应具备以下条件：环境温度为-20～$+40$℃；现场风速不应大于 13 m/s；电源电压值偏差不大于 $\pm 5\%$；荷载的质量允许偏差不大于$\pm 1\%$。

一、空载试验

空载试验即在吊笼空载时，全行程进行不少于 3 个工作循环，每一工作循环的升、降过程中应进行不少于 2 次的制动，其中在半行程应至少进行一次吊笼上升和下降的制动试验，观察有无制动瞬时滑移现象。若滑动距离超过标准，则说明制动器的制动力矩不够，应压紧其电动机尾部的制动弹簧。

二、安装试验

安装试验也就是安装工况不少于 2 个标准节的接高试验。试验时,首先将吊笼升起离地 1 m,向吊笼平稳、均布地加载荷至额定安装载重量的 125%,然后切断动力电源,进行静态试验 30 min,吊笼不应下滑,也不应出现其他异常现象。如若滑动距离超过标准,则说明制动器的制动力矩不够,应压紧其电动机尾部的制动弹簧。有对重的施工升降机,应当在不安装对重的安装工况下进行试验。

三、额定载荷试验

吊笼内装入额定载重量,载荷重心位置按吊笼宽度方向均向远离导轨架方向偏 1/6 宽度,长度方向均向附墙架方向偏 1/6 长度的内偏以及反向偏移 1/6 长度的外偏,按所选电动机的工作制,各做全行程连续运行 30 min 的试验。每一工作循环的升、降过程应进行不少于 1 次制动。

额定载重量试验后,应测量减速器和液压系统油的温升。吊笼应运行平稳,启动、制动正常,无异常响声,吊笼停止时不应出现下滑现象,在中途再次启动上升时不允许出现瞬时下滑现象。试验后,记录减速器油液的温升,对蜗轮蜗杆减速器油液温升不得超过 60℃,其他减速器油液温升不得超过 45℃。

双吊笼施工升降机应按左、右吊笼分别进行额定载重量试验。

四、超载试验

在施工升降机吊笼内均匀布置额定载重量的 125% 的载荷,工作行程为全行程,不得少于 3 个工作循环,每一工作循环的升、降过程应进行不少于 1 次制动。吊笼应运行平稳,启动、制动正常,无异常响声,吊笼停止时不应出现下滑现象。

五、坠落试验

首次使用的施工升降机，或转移工地后重新安装的施工升降机，必须在投入使用前进行额定载荷坠落试验。施工升降机投入正常运行后，还需每隔 3 个月定期进行一次坠落试验。以确保施工升降机的使用安全。坠落试验一般程序如下：

（1）在吊笼中加载额定载重量。

（2）切断地面电源箱的总电源。

（3）将坠落试验按钮盒的电缆插头插入吊笼电气控制箱底部的坠落试验专用插座中。

（4）把试验按钮盒的电缆固定在吊笼上电气控制箱附近，将按钮盒设置在地面。坠落试验时，应确保电缆不会被挤压或卡住。

（5）撤离吊笼内所有人员，关上全部吊笼门和围栏门。

（6）合上地面电源箱中的主电源开关。

（7）按下试验按钮盒标有上升符号的按钮（符号↑），驱动吊笼上升至离地面约 3～10 m 高度。

（8）按下试验按钮盒标有下降符号的按钮（符号↓），并保持按住该按钮。这时，电动机制动器松闸，吊笼下坠。当吊笼下坠速度达到临界速度，防坠安全器将动作，将吊笼刹住。

当防坠安全器未能按规定要求动作而刹住吊笼，必须将吊笼上电气控制箱上的坠落试验插头拔下，操纵吊笼下降至地面后，查明防坠安全器不动作的原因，排除故障后，才能再次进行试验，必要时需送生产厂校验。

（9）防坠安全器按要求动作后，驱动吊笼上升至高一层的停靠站。

（10）拆除试验电缆。此时，吊笼应无法启动。因当防坠安全器动作时，其内部的电控开关已动作，以防止吊笼在试验电缆被拆除而防坠安全器尚未按规定要求复位的情况下被启动。

第五节 施工升降机司机的岗位职责

一、施工升降机司机的岗位责任制

施工升降机正常使用与否,决定于司机的高度责任心和熟练的操作技术。从人和设备的关系上来看,一方面,人是设备的创造者和操作者;另一方面,在生产过程中,人又为设备本身的运转规律所支配。因此,在设备使用过程中,必须有熟悉和掌握设备运转、操作、维修技术人员和相应管理人员,才能使机械设备处于完好状态,充分发挥机械设备的效能。

施工升降机司机的岗位责任制,就是将施工升降机的使用和管理的责任落实到具体人员身上,也就是将人与机的关系相对固定下来,由他们负责操作、维护、保养和保管,在使用过程中对机械技术状况和使用效率全面负责,以增强司机爱护机械设备的责任心,有利于司机熟悉机械特性,熟练掌握操作技术,合理使用机械设备,提高机械效率,确保安全生产。

1. 岗位责任制的形式

施工升降机的使用必须认真贯彻"人机固定"和"管、用、养相结合"的原则,实行定人、定机、定岗位责任的"三定"制度。也就是将人与机械的关系相对固定下来,将施工升降机操作、维护与保养等各环节的要求都落实到具体人身上,使人有岗位、事有专责、机有人管。实行岗位责任制,可根据施工升降机使用类型的不同,采取下列两种形式:

(1) 施工升降机由单人驾驶的,应明确其为机械使用负责人,承担机长职责。

(2) 多班作业或多人驾驶的施工升降机,应任命一人为机长,其余为机员。机长的选定,应由施工升降机的使用或所有单位任命，并保持相对稳定，一般不轻易变动。在设备内部调动时，最好人随机动。

2. 岗位责任制的内容

（1）机长岗位责任制内容

机长是机组的负责人和组织者，其主要职责是：

1）指导机组人员正确使用施工升降机，发挥机械效能，努力完成施工生产任务等各项技术经济指标，确保安全作业。

2）带领机组人员坚持业务学习，不断提高业务水平，遵守操作规程和有关安全生产的规章制度。

3）检查、督促机组人员共同做好施工升降机维护、保养工作，保证机械、电气和附属装置及随机工具整洁、完好，延长设备使用寿命。

4）督促机组人员认真落实交接班制度。

（2）司机岗位责任制内容

司机在机长的带领下，除协助机长工作和完成施工任务外，还应做好下列工作：

1）严格遵守施工升降机安全操作规程，严禁违章作业。

2）认真做好施工升降机作业前的检查、试运转。

3）及时做好班后整理工作，认真填写试车检查记录和设备运转记录。

4）严格遵守施工现场的安全管理规定。

5）做好施工升降机的"调整、紧固、清洁、润滑、防腐"等维护保养工作。

6）及时处理和报告施工升降机故障及安全隐患。

（3）实习司机

实习司机在机长和师傅的指导下，努力学习施工升降机的操作、保养技术，并做好下列工作：

1）尊敬师傅，接受分配的工作，未经师傅许可，不准擅自操作和启动施工升降机。

2）遵守安全操作规程，在师傅指导下，努力学习操作和保养等技术技能。

3）协助机长和师傅填写施工升降机使用记录。

二、交接班制度

为使施工升降机在多班作业或多人轮班操作时，能相互了解情况、交代问题、分清责任，防止机械损坏和附件丢失，保证施工生产的连续进行，必须建立交接班制度，并作为岗位责任制的组成部分。

交接班时，双方都应全面检查，做到不漏项目，交接清楚，由交方负责填写交接班记录，接方核对相符经签收后，交方才能下班。

1. 交班司机职责

（1）检查施工升降机的机械、电气部分是否完好。

（2）操作手柄置于零位，切断电源。

（3）本班施工升降机运转情况、保养情况及有无异常情况。

（4）交接随机工具、附件等。

（5）打扫卫生，保持清洁。

（6）认真填写好设备运转记录和交接班记录。

2. 接班司机职责

（1）认真听取上一班司机工作情况介绍。

（2）仔细检查施工升降机各部件完好情况。

（3）使用前必须进行空载试验运转，检查限位开关、紧急开关等是否灵敏可靠，如有问题应及时修复后方可使用，并做好记录。

3. 交接班记录内容

交接记录簿由机械管理部门于月末更换，收回的记录簿是设备使用中的原始记录，应保存备查。机长应经常检查交接班制度的执行情况，并作为司机日常考核的依据。交接班记录的具体内容和格式,列举于表 5—11。

表 5—11 施工升降机交接班记录表

工程名称			设备编号		
设备型号			运转台时		天气
序号	检查项目及要求		交班检查		接班检查
1	施工升降机通道无障碍物				
2	基础围栏门、吊笼门机电联锁完好				
3	各限位器灵敏可靠				
4	各制动器灵敏可靠				
5	清洁				
6	润滑充足				
7	各部件紧固,无松动				
8	是否存在故障				
9	本班设备运行情况:				
10	本班设备作业项目及内容:				
11	本班应注意的事项:				
交班人(签名):			接班人(签名):		
交接时间: 年 月 日 时 分					

第六章

施工升降机的维护保养与常见故障排除

第一节 施工升降机的维护保养

在机械设备投入使用后，对设备的检查、清洁、润滑、防腐以及对部件的更换、调试、紧固和位置、间隙的调整等工作统称为设备的维护保养。为了使施工升降机经常处于完好和安全运转状态，避免和消除在运转工作中可能出现的故障，提高施工升降机的使用寿命，必须及时正确地做好维护保养工作。

一、维护保养的分类

1. 日常维护保养

施工升降机的日常维护保养，又称为例行保养，是指在机械设备运行的前后和运行过程中的保养作业。日常维护保养由设备操作人员进行。

2. 定期维护保养

月度、季度及年度的维护保养，以专业维修人员为主，设备操作人员配合进行。

3. 特殊维护保养

施工机械除日常维护保养和定期维护保养外，在转场、闲置等特殊情况下还需进行维护保养。

(1) 转场保养

在施工升降机转移到新工地，安装使用前，需进行一次全面的维护保养，保证施工升降机状况完好，确保安装、使用安全。

(2) 闲置保养

施工升降机在停放或封存期内，至少每月进行一次保养，重点是清洁和防腐，由专业维修人员进行。

二、维护保养的方法

维护保养一般采用"十字作业"法，即"清洁、紧固、调整、润滑、防腐"。

1. 清洁

清洁，是指对机械各部位的油泥、污垢、尘土等进行清除等工作，目的是减少部件的锈蚀和运动零件的磨损，保持良好的散热，为检查提供良好的观察效果等。

2. 紧固

紧固，是指对连接件进行检查紧固等工作。机械运转过程中产生的振动，容易使连接件松动，如不及时紧固，可能引起漏油、漏电等。有些关键部位的连接松动，轻者导致零件变形，重者会出现零件断裂、分离，甚至导致机械事故发生。

3. 调整

调整，是指对机械零部件的间隙、行程、角度、压力、松紧、速度等及时进行检查调整，以保证机械的正常运行。特别是要对制动器、减速机等关键机构进行适当调整，确保其灵活可靠。

4. 润滑

润滑，是指按照相关规定和要求，选用并定期加注或更换润滑油，以保持机械运动零件间的良好运动，减少零件磨损。

5. 防腐

防腐，是指对机械设备和部件进行防潮、防锈、防酸处理，防止机械零部件和电气设备被腐蚀损坏。最常见的防腐保养是对机械外表进行补漆或涂上油脂等防腐涂料。

三、维护保养的内容

1. 日常维护保养的内容和要求

每班开始工作前,应当进行检查和维护保养,包括目测检查和功能测试,有严重情况时,应当报告有关人员进行停用、维修。检查和维护保养情况应及时记入交接班记录。检查一般应包括以下内容:

(1) 电气系统与安全装置

1) 检查线路电压是否符合额定值及其偏差范围。

2) 检查机件有无漏电现象。

3) 检查限位装置及机械电气联锁装置工作是否正常、灵敏可靠。

(2) 制动器

检查制动器性能是否良好、能否可靠制动。

(3) 标牌

检查机器上所有标牌是否清晰、完整。

(4) 金属结构

1) 检查施工升降机金属结构的焊接点有无脱焊及开裂。

2) 检查附墙架固定是否牢靠,停层过道是否平整。

3) 检查防护栏杆是否齐全。

4) 检查各部件连接螺栓有无松动。

(5) 导向滚轮装置

1) 检查侧滚轮、背轮、上下滚轮部件的定位螺钉和紧固螺栓有无松动。

2) 检查滚轮转动是否灵活,与导轨的间隙是否符合规定值。

(6) 对重及其悬挂钢丝绳

1) 检查对重运行区内有无障碍物,对重导轨及其防护装置是否正常完好。

2）检查钢丝绳有无损坏，其连接点是否牢固可靠。

(7) 地面防护围栏和吊笼

1）检查围栏门和吊笼门是否启闭自如。

2）检查吊笼紧急出口门是否正常。

3）检查通道区有无其他杂物堆放。

4）检查吊笼运行区间有无障碍物，笼内是否保持清洁。

(8) 电缆和电缆引导器

1）检查电缆是否完好无破损。

2）检查电缆引导器是否可靠有效。

(9) 传动、变速机构

1）检查各传动、变速机构有无异响。

2）检查蜗轮箱油位是否正常，有无渗漏现象。

(10) 润滑系统有无泄漏。

检查润滑系统有无漏油、渗油现象。

2. 月度维护保养的内容和要求

月度维护保养除按日常维护保养的内容和要求进行外，还要按照以下内容和要求进行检查与保养。

(1) 导向滚轮装置

检查滚轮轴支撑架紧固螺栓是否可靠紧固。

(2) 对重及其悬挂钢丝绳

1）检查对重导向滚轮的紧固情况是否良好。

2）检查天轮装置工作是否正常可靠。

3）检查钢丝绳有无严重磨损和断丝。

(3) 电缆和电缆导向装置

1）检查电缆支撑臂和电缆导向装置之间的相对位置是否正确。

2）检查导向装置弹簧功能是否正常，电缆有无扭曲、破坏。

(4) 传动、减速机构

1）检查机械传动装置安装紧固螺栓有无松动，特别是提升齿轮副的紧固螺钉是否松动。

2）检查电动机散热片是否清洁，散热功能是否良好。

3）检查减速器箱内油位是否降低。

（5）制动器

检查试验制动器的制动力矩是否符合要求。

（6）电气系统与安全装置

1）检查吊笼门与围栏门的电气机械联锁装置，上下限位装置，吊笼单行门、双行门联锁等装置性能是否良好。

2）检查导轨架上的限位挡板位置是否正确。

（7）金属结构

1）重点查看导轨架标准节之间的连接螺栓是否牢固。

2）检查附墙结构是否稳固，螺栓有无松动，表面防护是否良好，有无脱漆和锈蚀，构架有无变形。

3. 季度维护保养的内容和要求

季度维护保养除按月度维护保养的内容和要求进行外，还要按照下列内容和要求进行检查与保养。

（1）导向滚轮装置

1）检查导向滚轮的磨损情况。

2）检查确认滚珠轴承是否良好，是否有严重磨损，调整与导轨之间的间隙。

（2）检查齿条及齿轮的磨损情况

1）检查提升齿轮副的磨损情况，检测其磨损量是否大于规定的最大允许值。

2）用塞尺检查蜗轮减速器的蜗轮磨损情况，检测其磨损量是否大于规定的最大允许值。

（3）电气系统与安全装置

在额定负载下进行坠落试验，检测防坠安全器的性能是否可靠。

4. 年度维护保养的内容和要求

年度维护保养应全面检查各零部件，除按季度维护保养的内容和要求进行外,还应按照下列内容和要求进行检查与保养。

(1) 传动、减速机构

检查驱动电动机和蜗轮减速器、联轴器结合是否良好,传动是否安全可靠。

(2) 对重及其悬挂钢丝绳

检查悬挂对重的天轮装置是否牢固可靠,检查天轮轴承磨损程度,必要时应调换轴承。

(3) 电气系统与安全装置

复核防坠安全器的出厂日期,对超过标定年限的,应通知有相应资质的检测机构进行重新标定,合格后方可使用。此外,在进入新的施工现场使用前应按规定进行坠落试验。

四、主要零部件的维护保养

1. 零部件磨损的测量

以某型号施工升降机为例,说明滚轮、齿条等零部件磨损程度的测量方法。

(1) 滚轮的磨损极限

1) 测量方法。用游标卡尺测量,如图 6—1 所示。

2) 滚轮的极限磨损量要求见表 6—1。

表 6—1　　　　　　滚轮的极限磨损量

测量尺寸	新滚轮(mm)	磨损的滚轮(mm)
A	$\phi 80$	最小 $\phi 78$
B	79 ± 3	最小 76
C	$R40$	最小 $R42$

(2) 齿轮的磨损极限

用公法线千分尺测量齿轮磨损极限,跨 2 齿测公法线长度,如图 6—2a 所示。当新齿轮相邻齿公法线长度 L 为 37.1 mm 时,允许磨损后相邻齿公法线最大长度 L 为 35.8 mm。

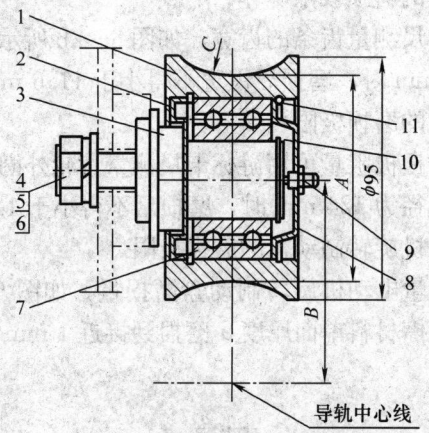

图 6—1 滚轮磨损量的测量

1—滚轮 2—油封 3—滚轮轴 4—螺栓 5、6—垫圈 7—轴承
8—端盖 9—油杯 10—挡圈 11—轴承挡圈 A—滚轮直径
B—滚轮与导轨架主弦杆的中心距 C—滚轮凹面圆弧半径

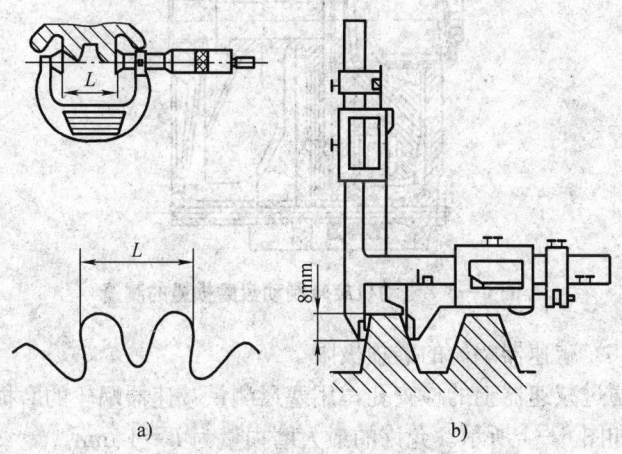

图 6—2 齿轮齿条的磨损测量

a) 齿轮的磨损测量 b) 齿条的磨损测量

(3) 齿条的磨损极限

用游标卡尺测量齿条的齿宽，如图 6—2b 所示。当新齿条齿宽为 12.566 mm 时，磨损后齿宽不得小于 11.6 mm。

(4) 背轮的磨损极限

背轮的磨损极限量可用游标卡尺测量背轮外圈直径确定。当新背轮外圈直径为 124 mm 时，磨损后不得小于 120 mm。

(5) 电动机旋转制动盘的磨损极限

用塞尺测量电动机旋转制动盘磨损量，如图 6—3 所示。当旋转制动盘摩擦材料单面厚度 a 磨损到接近 1 mm 时，必须更换制动盘。

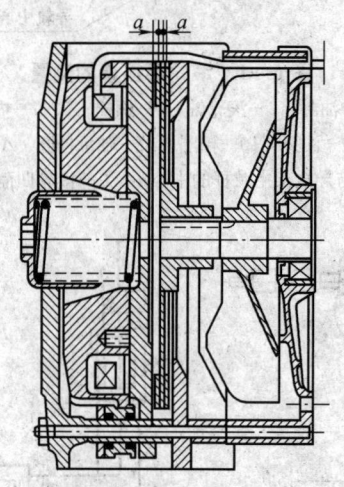

图 6—3　电动机旋转制动盘磨损量的测量

(6) 减速器蜗轮的磨损极限

通过减速器上的检查孔，用塞尺测量减速器蜗轮的磨损极限量，如图 6—4 所示。允许的最大磨损量为 $L=1$ mm。

(7) 防坠安全器转轴的径向间隙

防坠安全器转轴的径向间隙的测量，如图 6—5 所示。

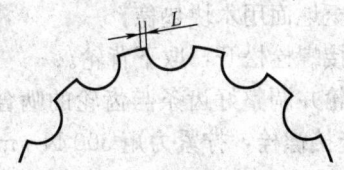

图 6—4　蜗轮磨损量的测量

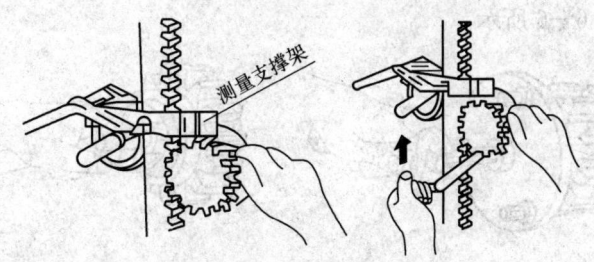

图 6—5　防坠安全器转轴的径向间隙测量

1）用 C 形夹具将测量支架紧固在安全器的齿轮上方约 1.0 mm 处。

2）利用塞尺测量齿顶与支架下沿的间隙。

3）用杠杆提升齿轮，然后再次测量此间隙。

4）以上测得的二间隙值之差即为安全器转轴的径向间隙。

5）若测得的径向间隙大于 0.3 mm，应更换安全器。

2. SC 型施工升降机零部件的维护保养

（1）滚轮的更换

当滚轮轴承损坏或滚轮磨损超差时，必须更换。

1）吊笼落至地面用木块垫稳。

2）用扳手松开并取下滚轮连接螺栓，取下滚轮。

3）装上新滚轮，调整好滚轮与导轨之间的间隙，使用扭力扳手紧固好滚轮连接螺栓，拧紧力矩应达到 200 N·m。

（2）背轮的更换

当背轮轴承损坏或背轮外圈磨损超差时，必须进行更换。

1) 将吊笼降至地面用木块垫稳。
2) 将背轮连接螺栓松开,取下背轮。
3) 装上新背轮并调整好齿条与齿轮的啮合间隙,使用扭力扳手紧固好背轮连接螺栓,拧紧力矩 300 N·m。

(3) 减速器驱动齿轮的更换

当减速器驱动齿轮齿形磨损达到极限时,必须进行更换,方法如图 6—6 所示。

图 6—6　更换减速器驱动齿轮

1) 将吊笼降至地面用木块垫稳。
2) 拆掉电动机接线,松开电动机制动器,拆下背轮。
3) 松开驱动板连接螺栓,将驱动板从驱动架上取下。
4) 拆下减速器驱动齿轮外轴端圆螺母及锁片,拔出小齿轮。
5) 将轴径表面擦洗干净并涂上黄油。
6) 将新齿轮装到轴上,上好圆螺母及锁片。
7) 将驱动板重新装回驱动架上,穿好连接螺栓(先不要拧紧)并安装好背轮。
8) 调整好齿轮啮合间隙,使用扭力扳手将背轮连接螺栓、驱动板连接螺栓拧紧,拧紧力矩应分别达到 300 N·m 和 200 N·m。
9) 恢复电动机制动器并接好电动机及制动器接线。
10) 通电试运行。

(4) 减速器的更换

当吊笼在运行过程中减速器出现异常发热、漏油、梅花形弹性橡胶块损坏等情况而使机器出现振动或减速器由于吊笼撞底使

齿轮轴发生弯曲等故障时,应对减速器或其零部件进行更换,更换步骤如下:

1)将吊笼落至地面,用木块垫稳。

2)拆掉电动机线,松开电动机制动器,拆下背轮;松开驱动板连接螺栓,将驱动板从驱动架上取下。

3)取下电动机箍,松开减速器与驱动板间的连接螺栓,取下驱动单元。

4)松开电动机与减速器之间的法兰盘连接螺栓,将减速器与电动机分开。

5)将减速器内剩余油放掉,取下减速器输入轴的半联轴器。

6)将新减速器输入轴擦洗干净并涂油,装好半联轴器。如联轴器装入时较紧,切勿用锤重击,以免损坏减速器。

7)将新减速器与电动机连接好,正确装配橡胶缓冲块,拧好连接螺栓。

8)将新驱动单元装在驱动板上,用螺栓紧固,装好电动机箍。

9)安装驱动板,用 200 N·m 力矩拧紧驱动板连接螺栓;安装背轮,用 300 N·m 力矩拧紧背轮连接螺栓。

10)重新调整好齿轮与齿条之间的啮合间隙,给电动机重新接线。

11)恢复电动机制动,接电试运行。

(5)齿条的更换

当齿条损坏或已达到磨损极限时应予以更换,更换步骤如下:

1)松开齿条连接螺栓,拆卸磨损或损坏了的齿条,必要时允许用气割等工艺手段拆除齿条及其固定螺栓,清洁导轨架上的齿条安装螺孔,并用特制液体涂定液做标记。

2)按标定位置安装新齿条,其位置偏差、齿条距离导轨架立柱管中心线的尺寸,如图 6—7 所示。螺栓预紧力为 200 N·m。

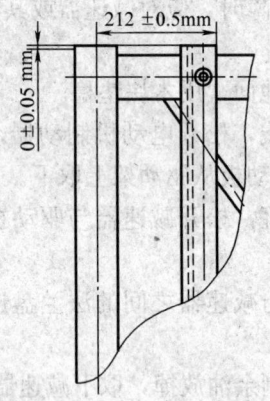

图6—7 齿条安装位置偏差

(6) 防坠安全器的更换

防坠安全器达到报废标准时应及时更换,更换步骤如下:

1) 拆下安全器下部开关罩,拆下微动开关接线。

2) 松开安全器与驱动板之间的连接螺栓,取下安全器。

3) 装上新安全器,用 200 N·m 力矩拧紧连接螺栓,调整安全器齿轮与齿条之间的啮合间隙。

4) 接好微动开关线,装好上开关罩。

5) 进行坠落试验,检查安全器的制动情况。

6) 按安全器复位说明进行复位。

7) 润滑安全器。

3. SS型施工升降机零部件的维护保养

(1) 断绳保护和安全停靠装置制动块的更换

当长时间使用SS型施工升降机后,升降机楔块式保护装置的断绳保护和安全停靠装置的制动块会磨损,当制动块磨损不很严重时,可不更换制动块,直接调节弹簧的预紧,使制动状态时制动块制动灵敏,非制动状态时两制动块离开导轨。图6—8所示为断绳保护装置示意图。

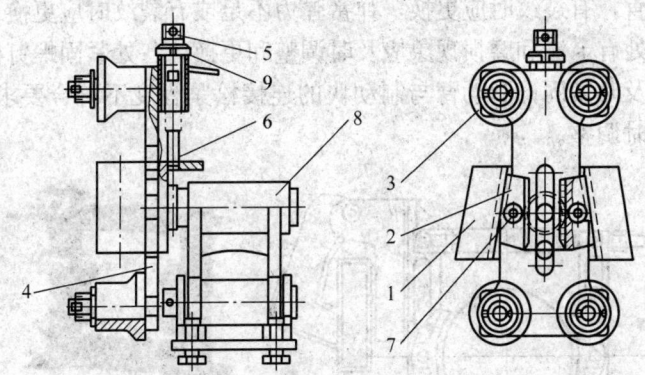

图 6—8 断绳保护装置示意图
1—托架 2—制动滑块 3—导轮 4—导轮架 5—调节螺栓
6—压缩弹簧 7—内六角螺栓 8—防坠器连接架 9—圆螺母

当制动块磨损严重时,应当将断绳保护和安全停靠装置从吊笼上拆下,更换制动块,更换方法和具体步骤如下:

1) 将钢丝绳楔形接头的销轴拔出,卸防坠器连接架 8 的连接螺栓,将断绳保护和安全停靠装置从吊笼托架上取下。

2) 将内六角螺栓 7 松开取下,卸下旧制动块,更换上新的制动块,然后将更换好制动块的保护器再安装在吊笼托架上。

3) 调整制动滑块弹簧 6 的预紧力。通过旋动调节螺栓 5,使制动滑块不与导轨碰擦卡阻,停层制动和断绳制动灵敏正常。

4) 在制动块的滑槽内加入适量的油脂,起到润滑和防锈的作用。

5) 清洁制动滑块的齿槽摩擦面。

(2) 闸瓦电磁制动器的维护保养

闸瓦(块式)电磁制动器是施工升降机中最常用的制动器,如图 6—9 所示。当制动闸瓦磨损过多而使铆钉露头,或闸瓦磨损量超过原厚度的 1/3 时,应及时更换;制动器心轴磨损量超过标准值 5% 和椭圆度超过 0.5 mm 时,应更换心轴;杆系弯曲时应校直,有裂纹时应更换,弹簧弹力不足或有裂纹时应更换;各铰链处有卡滞和磨损现象应及时调整和更换,各处紧固螺钉松动时应及时紧固;制动臂与制动块的连接松紧程度不符合要求时,应及时调整。

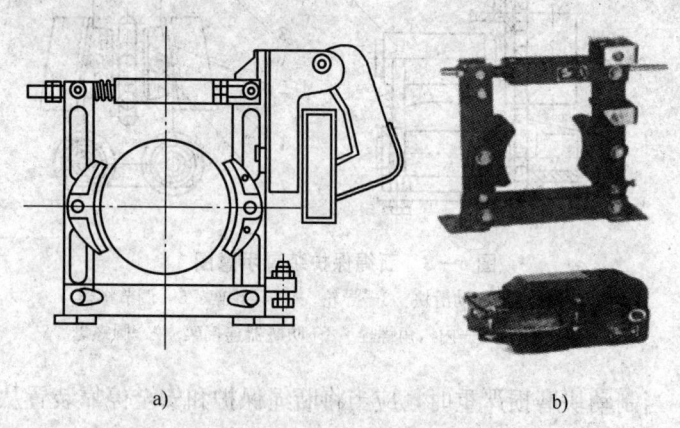

图 6—9 闸瓦电磁制动器
a) 制动器结构 b) 制动器与衔铁

闸瓦电磁制动器的维护与保养主要是调整电磁铁冲程、调节主弹簧长度、调整瓦块与制动轮间隙等,一般可按下列步骤进行:

1) 调节电磁铁冲程,如图 6—10 所示。先用扳手旋松锁紧的小螺母,然后用扳手夹紧螺母,用另一扳手转动推杆的方头,使推杆前进或后退。前进时顶起衔铁,冲程增大;后退时衔铁下落,冲程减小。

2) 调节主弹簧长度,如图 6—11 所示。先用扳手夹住推杆的方头并旋松锁紧螺母,然后夹住调整螺母,转动推杆的方头,使螺母的轴向移动改变主弹簧的工作长度。随着弹簧的伸长或缩短,制动力矩随之减小或增大。调整完毕后,把锁紧螺母旋回锁紧,以防松动。

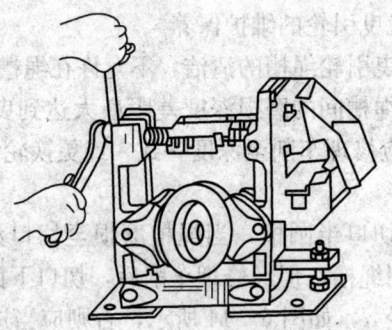

图 6—10 电磁制动器的冲程调节

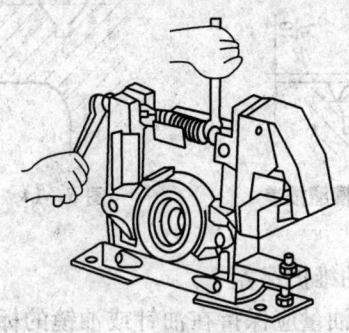

图 6—11 调节主弹簧长度

3) 调节瓦块与制动轮间隙，如图 6—12 所示。将衔铁推压在铁心上，使制动器松开，然后调整背帽螺母，使左右瓦块与制动轮间隙相等。

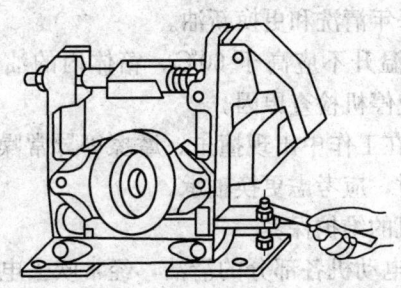

图 6—12 电磁制动器瓦块与制动轮间隙调节

(3) 曳引机曳引轮的维护保养

1) 应确保曳引轮绳槽的清洁,不允许在绳槽中加油润滑。

2) 当发现绳槽间的磨损深度差距最大达到曳引绳直径 d 的 1/10 以上时,应修理车削至深度一致,或更换轮缘,如图 6—13 所示。

3) 对于带切口半圆槽,当绳槽磨损至切口深度小于 2 mm 时,应重新车削绳槽,但经修理车削后,切口下面的轮缘厚度应大于曳引绳直径 d,如图 6—14 所示,否则应当进行更换。

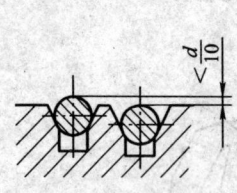
图 6—13 绳槽磨损差

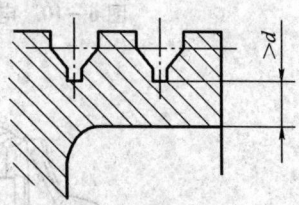
图 6—14 最小轮缘厚度

(4) 减速器的维护保养

1) 箱体内的油量应保持在油针或油镜的标定范围内,油的规格应符合要求。

2) 对于润滑部位,应按产品说明书规定进行润滑。

3) 应保证箱体内润滑油的清洁,当发现杂质明显时,应换新油。对新使用的减速机,在使用一周后,应清洗减速机并更换油液,以后应每年清洗和更换新油。

4) 轴承的温升不应高于 60℃,箱体内的油液温升不超过 60℃,否则,应停机检查原因。

5) 当轴承在工作中出现撞击、摩擦等异常噪声,并通过调整也无法排除时,应考虑更换轴承。

(5) 电动机的维护保养

1) 应确保电动机各部分的清洁,经常吹去电动机内部和换向器、电刷等部分的灰尘,不应让水或油进入电动机内部。

2) 对使用滑动轴承的电动机,应注意油槽内的油量是否达到油线,同时应保持油的清洁。

3) 当电动机转子轴承磨损过大,出现电动机运转不平稳,噪声增大时,应更换轴承。

五、施工升降机的润滑

施工升降机在新机安装后,应按照产品说明书要求进行润滑,如果说明书没有明确规定使用满 40 h 应清洗并更换蜗轮减速箱内的润滑油,以后每隔半年更换一次。蜗轮减速箱应参照铭牌上的标注进行润滑。对于其他零部件的润滑,当生产厂无特殊要求时,可参照以下说明进行:

(1) SC 型施工升降机主要零部件的润滑周期、部位和润滑方法,参见表 6—2。

表 6—2　　　　　SC 型施工升降机润滑

周期	润滑部位	润滑剂	润滑方法
每月	减速箱	N320 蜗轮润滑油	检查油位,不足时加注
	齿条	2 号钙基润滑脂	上润滑脂时,升降机降下并停止使用 2~3 h,使润滑脂凝结
	安全器	2 号钙基润滑脂	油嘴加注
	对重绳轮	钙基脂	加注
	导轨架导轨	钙基脂	刷涂
	门滑道、门对重滑道	钙基脂	刷涂
	对重导向轮、滑道	钙基脂	刷涂
	滚轮	2 号钙基润滑脂	刷涂
	背轮	2 号钙基润滑脂	油嘴加注
	门导轮	N32 号齿轮油	油嘴加注

续表

周期	润滑部位	润滑剂	润滑方法
每季度	电动机制动器锥套	N32号齿轮油	滴注,切勿滴到摩擦盘上
	钢丝绳	沥青润滑脂	涂刷
	天轮	钙基脂	油嘴加注
每年	减速箱	N320蜗轮润滑油	清洗、换油

（2）SS型施工升降机主要零部件的润滑周期、部位和润滑方法，参见表6—3。

表6—3　　　　　SS型施工升降机润滑

周期	润滑部位	润滑剂	润滑方法
每周	滚轮	润滑脂	涂抹
	导轨架导轨	润滑脂	涂抹
每月	减速箱	N46号机油（夏季）N32号机油（冬季）	检查油位,不足时加注
	轴承	ZC-4润滑脂	加注
	钢丝绳	润滑脂	涂抹
每年	减速箱	N46号机油（夏季）N32号机油（冬季）	清洗、更换
	轴承	ZC-4润滑脂	清洗、更换

六、维护保养的安全注意事项

在进行施工升降机的维护保养和维修时，应注意下列事项。

（1）应切断施工升降机的电源，拉下吊笼内的极限开关，防止吊笼被意外启动或发生触电事故。

（2）在维护保养和维修过程中，不得载无关人员或载物料，同时悬挂检修停用警示牌，禁止无关人员进入检修区域内。

（3）所用的照明行灯必须采用36 V以下的安全电压，并检查行灯导线、防护罩,确保照明灯具使用安全。

(4) 检查基础或吊笼底部时,应首先检查制动器是否可靠,同时切断电动机电源。然后将吊笼用木方支起,防止吊笼或对重突然下降伤害维修人员。

(5) 维护保养和维修人员必须戴安全帽;高处作业时,应穿防滑鞋,系安全带。

(6) 应设置监护人员,随时注意维修现场的工作状况,防止安全事故发生。

(7) 维护保养后的施工升降机,应进行试运转,确认一切正常后,方可投入使用。

第二节 施工升降机常见故障与排除方法

施工升降机在使用过程中不可避免地会出现各种故障,主要是因为工作环境恶劣,维护保养不及时,操作人员违章作业,零部件的自然磨损等原因造成的。施工升降机发生异常时,操作人员应立即停止作业,及时向有关部门报告,以便及时处理,消除安全隐患,恢复正常工作。

施工升降机的常见故障一般分为机械故障和电气故障两大类。

一、常见机械故障与排除方法

施工升降机由于机械零部件磨损、变形、断裂、卡塞、润滑不良以及相对位置不正确等,造成机械系统不能正常运行,统称为机械故障。机械故障一般比较明显、直观,容易判断。

(1) SC 型施工升降机常见机械故障现象、故障原因及排除方法见表 6—4。

表6—4　SC型施工升降机常见机械故障及排除方法

序号	故障现象	故障原因	故障诊断解决
1	吊笼运行时振动过大	（1）导向滚轮连接螺栓松动 （2）齿轮、齿条啮合间隙过大或缺少润滑 （3）导向滚轮与背轮间隙过大	（1）紧固导向滚轮螺栓 （2）调整齿轮、齿条啮合间隙或添注润滑油（脂） （3）调整导向滚轮与背轮的间隙
2	吊笼启动或停止运行时有跳动	（1）电动机制动力矩过大 （2）电动机与减速箱联轴器内橡胶块损坏	（1）重新调整电动机制动力矩 （2）更换联轴器内橡胶块
3	吊笼运行时有电动机跳动现象	（1）电动机固定装置松动 （2）电动机橡胶垫损坏或失落 （3）减速箱与传动板连接螺栓松动	（1）紧固电动机固定装置 （2）更换电动机橡胶垫 （3）紧固减速箱与传动板连接螺栓
4	吊笼运行时有跳动现象	（1）导轨架对接阶差过大 （2）齿条螺栓松动，对接阶差过大 （3）齿轮严重磨损	（1）调整导轨架对接 （2）紧固齿条螺栓，调整对接阶差 （3）更换齿轮
5	吊笼运行时有摆动现象	（1）导向滚轮连接螺栓松动 （2）支撑板螺栓松动	（1）紧固导向滚轮连接螺栓 （2）紧固支撑板螺栓

续表

序号	故障现象	故障原因	故障诊断解决
6	吊笼启动、制动时振动过大	(1) 电动机制动力矩过大 (2) 齿轮、齿条啮合间隙不当	(1) 调整电动机制动力矩 (2) 调整齿轮、齿条啮合间隙
7	制动块磨损过快	制动器推力轴承内润滑不良,不能同步工作	润滑或更换轴承
8	制动器噪声过大	(1) 制动器推力轴承损坏 (2) 制动器转动盘摆动	(1) 更换制动器推力轴承 (2) 调整或更换制动器转动盘
9	减速箱蜗轮磨损过快	(1) 润滑油品型号不正确或未按时更换 (2) 蜗轮、蜗杆中心距偏移	(1) 更换润滑油品 (2) 调整蜗轮、蜗杆中心距

(2) SS型施工升降机常见机械故障现象、故障原因及排除方法见表6—5。

表6—5　SS型施工升降机常见机械故障及排除方法

序号	故障现象	故障原因	故障诊断与排除
1	上、下限位开关不起作用	(1) 上、下限位损坏 (2) 限位架和限位碰块移位	(1) 更换限位 (2) 恢复限位架和限位碰块位置

续表

序号	故障现象	故障原因	故障诊断与排除
2	吊笼不能正常起升	（1）冬季减速箱润滑油太稠太多 （2）制动器未彻底分离 （3）超载或超高 （4）停靠装置插销伸出挂在架体上	（1）更换润滑油 （2）调整制动器间隙 （3）减小吊笼载荷，下降吊笼 （4）恢复插销位置
3	吊笼不能正常下降	（1）断绳保护装置误动作 （2）摩擦副损坏	（1）修复断绳保护装置 （2）更换摩擦副
4	制动器失效	（1）制动器各运动部件调整不到位 （2）制动衬料或制动轮磨损严重，制动衬料或制动块连接铆钉露头	（1）修复或更换制动器 （2）更换制动衬料或制动轮
5	制动器制动力矩不足	（1）制动衬料和制动轮之间有油垢 （2）制动弹簧过松 （3）活动铰链处有卡滞或有磨损过甚的零件 （4）锁紧螺母松动，引起调整用的横杆松脱 （5）制动衬料与制动轮之间的间隙过大	（1）清理油垢 （2）更换弹簧 （3）更换失效零件 （4）紧固锁紧螺母 （5）调整制动衬料与制动轮之间的间隙

续表

序号	故障现象	故障原因	故障诊断与排除
6	制动器制动轮温度过高，制动块冒烟	（1）制动轮径向圆跳动严重超差 （2）制动弹簧过紧，电磁松闸器存在故障而不能松闸或松闸不到位 （3）制动器机件磨损，造成制动衬料与制动轮之间位置错误 （4）铰链卡死	（1）修复制动轮与轴的配合 （2）调整松紧螺母 （3）更换制动器机件 （4）修复
7	制动器制动臂不能张开	（1）制动弹簧过紧，造成制动力矩过大 （2）制动块和制动轮之间有污垢而形成粘边现象	（1）调整松紧螺母 （2）清理污垢
8	吊笼停靠时有下滑现象	（1）卷扬机制动器摩擦片磨损过大 （2）卷扬机制动器摩擦片、制动轮沾油	（1）更换摩擦片 （2）清理油垢
9	正常动作时断绳保护装置动作	制动块压得太紧	调整制动块滑动间隙
10	吊笼运行时有抖动现象	（1）导轨上有杂物 （2）导向滚轮和导轨间隙过大	（1）清除杂物 （2）调整间隙

二、常见电气故障的查找与排除方法

施工升降机由于电气线路、元器件、电气设备,以及电源系统等发生故障,造成用电系统不能正常运行,统称为电气故障。

1. 查找电气故障的基本程序

施工升降机电气故障相对较多,有的故障比较直观,容易判断,有的故障比较隐蔽,难以判断。维修人员在进行检查维修时,一般应当遵循以下基本程序,以便尽快查出故障,确保维修人员安全。

(1) 在诊断电气系统故障前,维修人员应认真熟悉电气原理图,了解电气元器件的结构与功能。

(2) 熟悉电气原理图后,应当对下列事项进行确认:

1) 确认吊笼处于停机状态,但控制电路未被断开。

2) 确认防坠安全器微动开关、吊笼门开关、围栏门开关等安全装置的触头处于闭合状态。

3) 确认紧急停机按钮及停机开关和加节转换开关未被按下。

4) 确认上、下限位开关完好,动作无误。

(3) 确认地面电源箱内主开关闭合,箱内主接触器已经接通。

(4) 检查输出电缆并确认已通电,确认从配电箱至施工升降机电气控制箱电缆完好。

(5) 确认吊笼内电气控制箱电源被接通。

(6) 将电压表连接在零位端子和电气原理图上所标明的端子之间,须通电的部位应确认已有电,分端子逐步测试,用排除法找到故障位置。

(7) 检查操纵按钮和控制装置发出的"上""下"指令(电压),确认已被正确地送到电气控制箱。

(8) 试运行吊笼,确保上下运行主接触器的电磁线圈通电启动，确认制动接触器被启动，制动器动作。

在上述过程中查找存在的问题和故障。对于照明等其他辅助电路，也可按上述程序进行故障检查。

2. 电气故障及排除方法

（1）SC 型施工升降机常见电气系统故障现象、故障原因及排除方法，见表 6—6。

表 6—6　SC 型施工升降机常见电气系统故障及排除方法

序号	故障现象	故障原因	故障诊断与排除
1	总电源开关合闸即跳	电路内部损伤、短路或相线对地短接	找出电路短路或接地的位置，修复或更换
2	断路器跳闸	（1）电缆、限位开关损坏 （2）电路短路或对地短接	更换损坏的电缆、限位开关
3	施工升降机突然停机或不能启动	（1）停机电路及限位开关被启动 （2）断路器启动	（1）释放"紧急按钮" （2）恢复热继电器功能 （3）恢复其他安全装置
4	启动后吊笼不运行	联锁电路开路	（1）关闭吊笼门或释放"紧急按钮" （2）查 220 V 联锁控制电路
5	电源正常，主接触器不吸合	（1）有个别限位开关没复位 （2）相序接错 （3）元件损坏或线路开路断路	（1）复位限位开关 （2）相序重新连接 （3）更换元件或修复线路

续表

序号	故障现象	故障原因	故障诊断与排除
6	电动机启动困难,并有异常响声	(1) 电动机制动器未打开或无直流电压(整流元件损坏) (2) 严重超载 (3) 供电电压远低于360 V	(1) 恢复制动器功能(调整工作间隙)或恢复直流电压(更换整流元件) (2) 减少吊笼载荷 (3) 待供电电压恢复至380 V再工作
7	运行时,上、下限位开关失灵	(1) 上、下限位开关损坏 (2) 上、下限位碰块移位	(1) 更换上、下限位开关 (2) 恢复上、下限位碰块位置
8	操作时,动作不稳定	(1) 线路接触不好或端子接线松动 (2) 接触器粘连或复位受阻	(1) 恢复线路接触性能,紧固端子接线 (2) 修复或更换接触器
9	吊笼停机后,可重新启动,但随后再次停机	(1) 控制装置(按钮、手柄)接触不良 (2) 门限位开关与挡板错位	(1) 修复或更换控制装置(按钮、手柄) (2) 恢复门限位开关挡板位置
10	吊笼上下运行时有自停现象	(1) 上、下限位开关接触不良或损坏 (2) 严重超载 (3) 控制装置(按钮、手柄)接触不良或损坏	(1) 修复或更换上下限位开关 (2) 减少吊笼载荷 (3) 修复或更换控制装置(按钮、手柄)
11	接触器易烧毁	供电电源压降太大,启动电流过大	(1) 缩短供电电源与施工升降机的距离 (2) 加大供电电缆截面

续表

序号	故障现象	故障原因	故障诊断与排除
12	电动机过热	(1) 制动器工作不同步 (2) 长时间超载运行 (3) 启动、制动过于频繁 (4) 供电电压过低	(1) 调整或更换制动器 (2) 减少吊笼载荷 (3) 对运行做适当调整 (4) 调整供电电压

（2）SS 型施工升降机常见电气系统故障现象、故障原因及排除方法，见表 6—7。

表 6—7　SS 型施工升降机常见电气系统故障及排除方法

序号	故障现象	故障原因	故障诊断与排除
1	总电源开关合闸即跳	电路内部损伤、短路或相线对地短接	查明原因，修复线路
2	电压正常，但主交流接触器不吸合	(1) 限位开关未复位 (2) 相序接错 (3) 电气元件损坏或线路开路断路	(1) 限位开关复位 (2) 正确接线 (3) 更换电气元件或修复线路
3	操作按钮置于上下运行位置，但交流接触器不动作	(1) 限位开关未复位 (2) 操作按钮线路断路	(1) 限位开关复位 (2) 修复操作按钮线路

续表

序号	故障现象	故障原因	故障诊断与排除
4	电动机启动困难,并有异常响声	(1) 电动机制动器未打开或无直流电压(整流元件损坏) (2) 严重超载 (3) 供电电压远低于360 V	(1) 恢复制动器功能(调整工作间隙)或恢复直流电压(更换整流元件) (2) 减少吊笼载荷 (3) 待供电电压恢复至380 V时再工作
5	上、下限位开关不起作用	(1) 上、下限位开关损坏 (2) 限位架和限位碰块移位 (3) 交流接触器触点粘连	(1) 更换限位开关 (2) 恢复限位架和限位碰块位置 (3) 修复或更换接触器
6	电路正常,但操作时有时动作正常,有时动作不正常	(1) 线路接触不好或虚接 (2) 制动器未彻底分离	(1) 修复线路 (2) 调整制动器间隙
7	吊笼不能正常起升	(1) 供电电压低于380 V或供电阻抗过大 (2) 吊笼超载或超高	(1) 暂停作业,恢复供电电压至380 V (2) 减少吊笼载荷,下降吊笼
8	制动器失效	电气线路损坏	修复电气线路

续表

序号	故障现象	故障原因	故障诊断与排除
9	制动器制动臂不能张开	(1) 电源电压低或电气线路出现故障 (2) 衔铁之间连接定位件损坏或位置变化,造成衔铁运动受阻,推不开制动弹簧 (3) 电磁衔铁铁心之间间隙过大,造成吸力不足 (4) 电磁衔铁铁心之间间隙过小,造成衔铁与铁心的撞击,损坏部件	(1) 恢复供电电压至380 V,修复电气线路 (2) 调整电磁衔铁铁心之间间隙
10	制动器电磁铁合闸时间迟缓	(1) 继电器常开触点有粘连现象 (2) 卷扬机制动器没有调好	(1) 更换触点 (2) 调整制动器

(3) 变频器常见故障及排除方法

当发生故障时,变频器故障保护继电器动作,变频器检测出故障事项,并在数字操作器上显示该故障内容,可根据产品使用说明书对照相应内容和处置方法进行检查维修。

第七章

施工升降机事故案例分析

第一节 违反操作规程拆卸吊笼坠落事故

2005年×月×日,某建筑工程局安装工程处,在某大酒店工地主楼B段进行拆除58m高的人货两用施工升降机作业过程中,吊笼失控坠落,造成4人死亡。

1. 事故经过

事故发生当日,上午10:00左右在拆除施工升降机第一节标准节和四个滑轮后,准备把吊笼下滑到预定位置拆除第二节标准节时,防坠安全器开始制动,吊笼被制停在导轨架上、不能下降。当时吊笼内有朱某和王某二人,朱某要求在脚手架上的雷某下来帮忙,雷某到达吊笼内后,朱某打开防坠安全器盖,发现螺母不能松动,无法调整,就将防坠安全器整体拆除后,把吊笼下滑到预定位置,由王某固定好保险钢丝绳后,拆除第二节标准节。11:30时左右,第二节标准节被顺利拆除。然后,将吊笼停在第三节标准节的位置上,距地面高度为52.8m,作业人员从楼梯下楼吃饭。

下午13:20时,8名作业人员仍从楼梯上到屋面,其中3人留在屋面,朱某等5人通过外脚手架下到吊笼顶上。5人中2人留在吊笼顶部工作平台上负责起重扒杆,松动标准节螺栓;3人在吊笼内。当朱某操作电气开关,吊笼下降0.5m左右后,被卡阻在导轨中,既不能下降也不能上升。朱某叫雷某用手压开电磁制动器,扳动一下传动轮,但传动轮扳不动。朱某又用电气开关启动,吊笼仍然不动。朱某就拿管钳和扳手调整制动器,螺栓松了约 15 扣之后,继续用电气开关启动,吊笼还是不动,朱某就命雷某出吊笼检查。雷某没发现什么异常情况,朱某想再试一下,就在这时吊笼失去控制,从 52.8 m 的高空坠落下去,造成吊笼内 2 人和笼顶部 2 人死亡,1 人重伤。

2. 原因分析

(1) 该设备在拆卸标准节作业中,平衡重已拆除,吊笼下降,依靠制动器制动、防坠安全器保证安全,而朱某在发现防坠安全器发生动作后,不是按规定对防坠安全器进行复位,而是擅自将防坠安全器整体拆除,故使吊笼失去了安全保证。

(2) 防坠安全器被拆除后,施工升降机已处于无安全保障的状态,当时电磁制动器的制动力矩只能增加,不能减少,以确保安全。但是朱某违章调松电磁制动器,减少了制动力矩,造成吊笼的坠落。

(3) 保险钢丝绳挂设不当,又未进行验算,致使直径 12.5 mm 的钢丝绳在吊笼失控坠落时,抵抗不住巨大的冲击力,被导轨架上的角钢切断,无法起到保险作用。

3. 警示与教训

(1) 施工升降机在拆除过程中,防坠安全器必须始终有效地啮合在齿条上。如果发生施工升降机下滑,防坠安全器制动,必须在查找和排除下滑过快的原因后,才能对防坠安全器进行复位操作。注意,严禁将防坠安全器一拆了之,导致失去安全保障。

(2) 拆卸作业时,必须对制动器进行检查,存在问题时应当进行调整,使制动力矩达到规定值,确保施工升降机可靠地制停在导轨架上,绝对不允许调松制动器。

第二节 吊笼冒顶坠落事故

2008年×月×日,某施工项目部在未安装调试到位的情况下启用施工升降机,发生一起施工升降机吊笼坠落事故,造成3人死亡。

1. 事故经过

该工程地下1层、地上20层,为现浇框筒结构,事故发生时已完成9层结构施工。因施工需要,该工程项目部向某建筑机械租赁公司租赁了一台新购的SCD200/200A型双笼施工升降机,由具有安装资质的租赁公司进行安装。因时间紧迫,租赁公司在尚未制定安装方案,也未向工人进行安全技术交底的情况下,就派出无证的安装工人到场安装,并约请生产厂派出技术人员到场指导安装工作。×月×日,该施工升降机导轨架安装到28.8m的高度,并在建筑结构上设置了附着装置,但吊笼安全钩未固定,上行程限位碰块和上极限限位碰块、天轮架、天轮、对重均未安装,安装单位未对施工升降机进行全面检查,亦未办理验收手续,即于当日向工程项目部出具了工作联系单,告知"安装验收完毕,交付项目使用,并于即日起开始收取租赁费"。×日6时,由无证女司机开动该施工升降机的一个吊笼,载2名工人驶向9楼,吊笼运行超出导轨架顶后从高空倾翻坠落,吊笼内3人当场死亡。

2. 事故原因

(1) 使用时,施工升降机上行程限位碰块和上极限限位碰块均未安装,使上行程限位开关和上极限限位开关功能失效。

(2) 安装单位未制定施工升降机安装方案和安全技术措施,未进行技术交底,未落实安装验收手续,在尚未安装结束的情况下就交付使用。

(3) 安装单位安排无证人员安装设备。

(4) 设备使用单位未履行施工升降机安装后的交接验收手续就启用施工升降机。

(5) 设备使用单位安排无证人员担任施工升降机司机。

(6) 监理单位对尚未安装结束的施工升降机投入使用的行为未进行制止。

(7) 施工升降机司机无证上岗违章操作；安装人员无证从事施工升降机安装。

3. 教训与警示

(1) 设备安装、使用单位内部管理混乱，企业领导安全意识淡薄，不遵守有关的法律法规，导致事故发生。

1) 安装单位未制定详细的施工升降机安装方案、安全技术措施和验收方案，也未进行安全技术交底，安排无证人员安装起重机械，导致上行程限位碰块、上极限限位碰块、天轮架、天轮、对重均未安装，安全钩又未固定；设备安装后，也未进行必要的检查、试验和验收，就将设备交付给使用单位，并出具书面通知称已安装验收完毕。安装单位的行为违反了《建设工程安全生产管理条例》第十七条"施工起重机械……安装完毕后，安装单位应当自检，出具自检合格证明，并向施工单位进行安全使用说明，办理验收手续并签字"的规定。

2) 设备使用单位（工程施工总承包单位）未组织出租单位、安装单位、工程监理单位共同进行验收即启用设备，违反了《建设工程安全生产管理条例》第三十五条"施工单位在使用施工起重机械……前，应当组织有关单位进行验收"的规定。

3) 设备使用单位安排无证人员操作施工升降机，违反了《建筑起重机械安全监督管理规定》第二十五条"建筑起重机械安装拆卸工、起重信号工、起重司机、司索工等特种作业人员应当经建设主管部门考核合格，并取得特种作业操作资格证书后，方可上岗作业"的规定。

(2) 设备生产厂家未能全面履行合同

施工升降机是使用单位租赁的新设备,按合同规定,该设备第一次安装时厂家技术人员有义务到现场进行技术指导,直至全面检查、调试、验收合格后方可离开现场。但该厂技术人员在设备尚未安装结束,设备未进行试运转、验收合格后就匆匆离开现场,生产厂家存在失职行为。

第三节　制动失灵吊笼坠落事故

2007年×月×日,某居民住宅小区工地发生一起施工升降机吊笼坠落事故,一台SCD200/200型施工升降机西侧吊笼突然从11层楼坠落,吊笼内17名作业人员随吊笼坠落至地面,造成11人死亡,6人受伤。

1. 事故经过

该工程为一幢34层的高层住宅楼,施工升降机西侧吊笼从地面送料上行至第33层卸料后,下行逐层搭乘了若干名下班工人与1辆手推车,到第26层时又进入4人,此时吊笼内共载17人(含司机),关门后在未启动电动机的情况下,吊笼即开始下滑并失速下降,司机当即按下紧急按钮,但未能制动住吊笼,吊笼加速坠落至地面,当场死亡4人,后经抢救无效又死亡7人,共造成11人死亡,6人受伤。

2. 事故调查情况

(1) 经现场勘察和事故调查,该施工升降机由某建筑机械厂生产,出厂合格证签发时间为1996年,吊笼内传动板标牌标注时间为1999年8月。升降机传动板上安装两套驱动装置、一台防坠安全器和上、下两个背轮,其中防坠安全器出厂时间为2005年8月,已通过检测。

(2) 施工升降机司机持有效操作证上岗,设备无台班日检记录、无设备维修记录。

（3）事故发生时该吊笼内乘载17人和1辆手推车，其质量为一个吊笼额定载重量2 000 kg的66.75%，未超载使用。

（4）对重块钢丝绳未断裂，对重块坠落在施工升降机护栏外；天轮被对重块撞出顶部支座并坠于34层平台上，轮缘明显有平衡块冲顶撞击痕迹。

（5）吊笼操作室内主令开关位于"0"位，紧急制动按钮位于"按下"状态。

（6）坠地吊笼传动板的下背轮轴断裂，下背轮脱落，驱动装置齿轮径向脱离齿条，防坠安全器齿轮失去水平约束。传动板上未设置齿轮防脱轨挡块。

（7）经相关机构对该吊笼的防坠安全器、电磁制动器、驱动齿轮进行检测，防坠安全器的安全开关动作可靠，符合《施工升降机齿轮锥鼓形渐进式防坠安全器》（JG 121—2000）的规定；两个电磁制动器摩擦片严重磨损，制动力矩小于《SC系列施工升降机使用说明书》（下称使用说明书）标明的120 N·m额定力矩，当两制动器同时有效制动时，该吊笼所能承受的最大载重量仅为1 058 kg（静载）；下背轮轴所采用的内六角螺栓为4.8级，低于《施工升降机》（GB/T 10054—2005）标准规定的8.8级。

3. 事故原因

（1）电磁制动器的制动力矩不足。吊笼电磁制动器的制动片磨损后，制动片与制动盘的间隙增大，压紧弹簧对制动盘的推力减小，所产生的实际制动力矩远远低于额定制动力矩，并小于吊笼内载荷在制动器上产生的自重力矩，导致吊笼失速下坠。

（2）更换了规格不当的螺栓。按使用说明书规定，下背轮轴原为8.8级高强度内六角螺栓，实际选用的为4.8级内六角螺栓。

（3）产品设计制造不符合规范标准要求，传动板上未设置齿轮防脱轨挡块。在吊笼坠落时，背轮轴被安全器齿轮传来的水平冲击力剪断,背轮作用失效,防坠落输出端齿轮失去水平约束而脱轨。

(4) 维护保养不到位。两个电磁制动器摩擦片严重磨损,未及时更换。

第四节 驾驶室底框开焊坠落事故

2001年×月×日,某建筑工地发生一起施工升降机吊笼底框坠落事故,造成施工升降机司机1人当场死亡。

1. 事故经过

2001年×月×日,某建筑工地施工接近尾声,项目部准备第二天拆除施工升降机。安装单位接到通知后,当天就派遣两名安装拆卸人员去现场检查施工升降机。当检查到吊笼底部时,发现驾驶室底座框和焊缝被混凝土包裹。为看清焊缝情况,二人向工地借了一把钢锤敲击驾驶室底框,发现其中一个吊笼的底架与驾驶室底框间的焊缝开裂,当即进行电焊修补;然后又对第二个吊笼的底架与驾驶室底框进行敲击检查,未发现问题。但施工升降机使用到16:00左右,第二个吊笼上升到第20层时,驾驶室突然发生坠落,造成施工升降机司机当场死亡。

经查,驾驶室底框与吊笼底架之间的焊缝开裂很长,并有新老两种焊缝开裂痕迹。

2. 原因分析

(1) 经现场调查、分析,该事故系吊笼的底架与驾驶室间的焊缝开裂所致。据勘察,焊缝开裂已经很严重,且时间较长,由于混凝土附着物覆盖未能及时发现。用大锤敲击后,不仅混凝土附着物没有脱落,反而加大了焊缝的开裂程度,致使吊笼在运行振动后发生驾驶室坠落事故。

(2) 拆卸前的检查是一项正常的工作,但使用了不规范的检查方法和手段。

（3）检查人员的安全意识淡薄，业务知识不足。

3. 教训与警示

（1）升降机拆卸前的检查是一项重要的工作，安装单位应制定企业的检查标准，明确检查的方法和手段。

（2）检查人员在不断提高业务水平的同时，还应不断地提高自己的安全意识，避免在工作中留下事故隐患。

第五节　设备失修高处坠落事故

2003年×月×日，某施工现场安装施工升降机过程中，吊笼门脱落，连同一名安装作业人员从高处坠落，造成1人死亡。

1. 事故经过

该工地在安装从其他工地转移来的施工升降机的过程中，当导轨架安装到14层高时，吊笼内一名安装人员搬起铁扶梯，准备从紧急出口到笼顶，由于失去重心，连人带扶梯一起倒向单行门，单行门脱离门框，与扶梯、人一起从高处翻落到地面，造成1人死亡。

经现场勘察分析，该施工升降机因未经转场保养，进入工地后发现单行门框的上滑轮轴失落，安装人员擅自使用一根钢筋临时替代。

2. 原因分析

（1）经现场调查、分析，临时替代滑轮轴的钢筋较细，当单行门受力向外挤压时，滑轮向外侧移动，造成轮距增大，致使单行门脱出滑轮后向下倾翻。

（2）施工升降机转移工地时未经保养，导致施工升降机未达到完好标准。

（3）安装人员安全意识淡薄，违规用钢筋代替滑轮轴。

3. 教训与警示

(1) 施工现场用钢筋代替销轴、钢丝代替开口销、焊接代替锁片紧固时有发生，后果不堪设想，应引起安装人员的重视。

(2) 施工升降机不执行转场保养制度，从一工地拆卸后即运至另一工地进行重新安装，边安装、边保养、边修理的情况比较普遍，要引起安装单位的重视。

附录1　建筑起重机械司机(施工升降机)安全技术考核大纲(试行)

1　安全技术理论
1.1　安全生产基本知识
1.1.1　了解建筑安全生产法律法规和规章制度
1.1.2　熟悉有关特种作业人员的管理制度
1.1.3　掌握从业人员的权利义务和法律责任
1.1.4　熟悉高处作业安全知识
1.1.5　掌握安全防护用品的使用
1.1.6　熟悉安全标志、安全色的基本知识
1.1.7　了解施工现场消防知识
1.1.8　了解现场急救知识
1.1.9　熟悉施工现场安全用电基本知识
1.2　专业基础知识
1.2.1　了解力学基本知识
1.2.2　了解电工基本知识
1.2.3　熟悉机械基本知识
1.2.4　了解液压传动知识
1.3　专业技术理论
1.3.1　了解施工升降机的分类、性能
1.3.2　熟悉施工升降机的基本技术参数
1.3.3　熟悉施工升降机的基本构造和基本工作原理
1.3.4　掌握施工升降机主要零部件的技术要求及报废标准

1.3.5 熟悉施工升降机安全保护装置的结构、工作原理和使用要求

1.3.6 熟悉施工升降机安全保护装置的维护保养和调整（试）方法

1.3.7 掌握施工升降机的安全使用和安全操作

1.3.8 掌握施工升降机驾驶员的安全职责

1.3.9 熟悉施工升降机的检查和维护保养常识

1.3.10 熟悉施工升降机常见故障的判断和处置方法

1.3.11 了解施工升降机常见事故原因及处置方法

2 安全操作技能

2.1 掌握施工升降机操作技能

2.2 掌握主要零部件的性能及可靠性的判定

2.3 掌握安全器动作后检查与复位处理方法

2.4 掌握常见故障的识别、判断

2.5 掌握紧急情况处置方法

附录2 建筑起重机械司机（施工升降机）安全操作技能考核标准（试行）

1 施工升降机驾驶

1.1 考核设备和器具

1.1.1 施工升降机一台或模拟机一台，行程高度 20 m。

1.1.2 其他器具：计时器一个。

1.2 考核方法

在评考人员指挥下，考生驾驶施工升降机上升、下降各一个过程；在上升和下降过程中各停层一次。

1.3 考核时间

20 min。

1.4 考核评分标准

满分 60 分。考核评分标准见下表。

序号	扣分项目	扣分值
1	启动前，未确定控制开关在零位	5分
2	作业前，未发出音响示意	5分/次
3	运行到最上层或最下层时，触动上、下限位开关	5分/次
4	停层超过规定距离±20 mm	5分/次
5	未关闭层门启动升降机	10分
6	作业后，未将梯笼降到底层，未将各控制开关拨到零位的，未切断电源，未闭锁梯笼门	5分/项

2 故障识别判断

2.1 考核器具

2.1.1 设置故障的施工升降机或图示、影像资料。

2.1.2 其他器具：计时器一个。

2.2 考核方法

由考生识别判断施工升降机或图示、影像资料设置的两个故障。

2.3 考核时间

10 min。

2.4 考核评分标准

满分 15 分。在规定时间内正确识别判断的，每项得 7.5 分。

3 零部件判废

3.1 考核器具

3.1.1 施工升降机零部件实物或图示、影像资料（包括达到报废标准和有缺陷的）。

3.1.2 其他器具：计时器一个。

3.2 考核方法

从施工升降机零部件实物或图示、影像资料中随机抽取两件（张、个），由考生判断其是否达到报废标准并说明原因。

3.3 考核时间

10 min。

3.4 考核评分标准

满分 15 分。在规定时间内正确判断并说明原因的，每项得 7.5 分；判断正确但不能准确说明原因的，每项得 4 分。

4 紧急情况处置

4.1 考核器具

4.1.1 设置施工升降机电动机制动失灵、突然断电、对重出轨等紧急情况或图示、影像资料。

4.1.2 其他器具：计时器一个。

4.2 考核方法

由考生对施工升降机电动机制动失灵、突然断电、对重出轨等紧急情况或图示、影像资料中所示的紧急情况进行描述，并口述处置方法。对每个考生设置一种。

4.3　考核时间

10 min。

4.4　考核评分标准

满分 10 分。在规定时间内对存在的问题描述正确并正确叙述处置方法的，得 10 分；对存在的问题描述正确，但未能正确叙述处置方法的，得 5 分。

参考文献

[1]《施工升降机安全规程》GB 10055—2007
[2]《施工升降机》GB/T 10054—2005
[3]《建筑机械使用安全技术规程》JGJ 33—2001
[4]《建筑施工安全检查标准》JGJ 59—1999
[5]《建筑物防雷设计规范》GB 50057—2000
[6]《施工现场临时用电安全技术规范》JGJ 46—2005
[7] 国家质检总局《施工升降机监督检验规程》(国质检锅[2002] 121号)
[8] 蒋文华,王远洪编著. 施工升降机安全使用与管理. 杭州: 浙江科学技术出版社,2005
[9] 窦汝伦. 建筑起重机械——施工升降机、物料提升机、高处作业吊篮. 北京: 中国环境科学出版社,2009
[10] 住房和城乡建设部工程质量安全监管司. 施工升降机司机. 北京: 中国建筑工业出版社,2010
[11] 现代企业安全操作规程标准与技术丛书编委会. 施工升降机安全操作规程标准与技术. 北京: 中国劳动社会保障出版社,2009

工伤保险普法知识学习手册丛书

工伤保险法律知识学习手册

主　编◎佟瑞鹏　杨昂滨
副主编◎张智慧　吴韶辉

中国劳动社会保障出版社

图书在版编目（CIP）数据

工伤保险法律知识学习手册 / 佟瑞鹏，杨昂滨主编.
北京：中国劳动社会保障出版社，2025. --（工伤保险普法知识学习手册丛书）. -- ISBN 978-7-5167-6964-5

Ⅰ. D922.554

中国国家版本馆 CIP 数据核字第 2025JQ5425 号

工伤保险法律知识学习手册
GONGSHANG BAOXIAN FALÜ ZHISHI XUEXI SHOUCE

中国劳动社会保障出版社出版发行
（北京市惠新东街 1 号　邮政编码：100029）

*

北京盛通印刷股份有限公司印刷装订　　新华书店经销
880 毫米 ×1230 毫米　32 开本　4.375 印张　94 千字
2025 年 6 月第 1 版　　2025 年 6 月第 1 次印刷
定价：16.00 元

营销中心电话：400-606-6496
出版社网址：https://www.class.com.cn

版权专有　　侵权必究

如有印装差错，请与本社联系调换：（010）81211666
我社将与版权执法机关配合，大力打击盗印、销售和使用盗版图书活动，敬请广大读者协助举报，经查实将给予举报者奖励。
举报电话：（010）64954652